바다목장 이야기

지 은 이   김종만·명정구

2006년 6월 30일 초판 1쇄 발행

편집주간   김선정
편   집   여미숙, 이지혜, 조현경
디 자 인   임소영, 이유나
마 케 팅   권장규

펴 낸 이   이원중
펴 낸 곳   지성사
출판등록일   1993년 12월 9일
등록번호   제10 - 916호
주   소   (121 - 854) 서울시 마포구 신수동 88 - 131호
전   화   (02) 716 - 4858
팩   스   (02) 716 - 4859
홈페이지   www.jisungsa.co.kr
이 메 일   jisungsa@hanmail.net

ⓒ 김종만·명정구, 2006

ISBN 89 - 7889 - 137 - 3 (03470)
잘못된 책은 바꾸어드립니다. 책값은 뒤표지에 있습니다.

바다목장 이야기

아주 특별한 바다여행

김종만·명정구 지음

머리말 :: 아주 특별한 바다 여행을 떠나며

우리나라는 삼면이 바다로 둘러싸여 있는 전형적인 해양국가로서, 육지의 약 3.6배에 이르는 바다와 11,500킬로미터의 긴 해안선을 가지고 있습니다. 바다 속에는 예부터 무한한 자원이 숨겨져 있다고 믿어왔지만 20세기를 지나면서 그동안 계속 증가해온 해양오염과 어업 기술 발달에 따른 남획 및 수산물의 과다 소비로 이제는 바다 속의 생물자원조차 무한하지 않다는 것을 알게 되었습니다. 특히 우리나라는 참조기나 도미류와 같은 고급 어종을 비롯해 많은 해양 생물자원의 감소 현상이 심각한 수준에 이르고 있습니다. 그래서 언젠가부터는 어민들도 연안에 쓸 만한 물고기가 없다고 하소연하기 시작했습니다.

  이 책은 그동안 우리의 무지와 무관심 속에서 제대로 관리되지 못하였던 연안의 해양 생물자원을 회복하여 어민들의 소득을 증대시키고 지역 경제를 활성화하기 위해, 1990년대 말에 시작된 바다목장 사업을 소개하고자 하는 의도로 씌어졌습니다. 이러한 일련의 사업 결과가 앞으로 우리 바다를 살리는 데 조그만 역할이나마 하기를 기원하는 마음을 담고 있지요.

최근 전 세계적으로 미역, 다시마와 같은 해조류부터 물고기류에 이르기까지 바다에서 생산되는 생물들이 건강식품으로 각광받으면서 소비량이 급격히 증가하는 추세입니다. 반면 전국의 횟집 수조는 외국에서 수입한 참돔, 점성어, 점농어 등이 가득 메우고 있는 것이 현실이지요. 이러한 현실에서 '우리 바다, 우리 고기 살리기'가 바로 바다목장 사업의 소박한 목표이자 출발점이 되었습니다.

우리 바다도 이제는 잘 가꾸어야 할 국토임은 두말할 나위가 없습니다. 1960~70년대 민둥산이었던 산에 나무를 심고 입산 금지 조치를 내리는 등 다양한 노력 끝에 지금의 아름다운 강산이 된 것을 거울삼아, 지금부터라도 바다 살리기 운동에 전 국민이 관심을 가져야 할 때라고 생각합니다. 특히 자라나는 청소년들에게 이러한 사명감을 심어주는 바다 살리기 운동 중 하나가 바로 바다목장이 아닌가 생각해봅니다.

어릴 때 어느 잡지에서 보았던 사진 하나가 생각납니다. 집 뒤 담벼락의 짧은 대나무 가지 하나를 꺾어 들고 나가 팔뚝만 한 도미 몇 마리를 찬거리로 잡아 줄에 매달고, 석양을 배경으로 파란 풀이 덮인 언덕을 넘어오는 할아버지 사진을 본 적이 있습니다. 그때의 풍요로움에 대한 향수가 잔잔히 파도처럼 밀려옵니다.

이 책에는 우리와 함께 통영 바다목장 사업을 수행하면서 바다에서 열정의 긴 시간들을 보낸 수많은 사람들의 땀방울이 함께하고 있습니다. 한국해양연구원, 국립수산과학원, 한국해양수산개발원, 상명대학교, 대구대학교, 부경대학교, 경상대학교, 강릉대학교, 여수대학교 등 140여 명의 동료 연구진과 전문가들이 바로 그들입니다.

먼 미래에 우리의 생존이 달려 있는 바다를 바라보면서 이런 생각을 해봅니다. "바다도 생산성을 유지하기 위해서는 가꾸어야 할 국토이고, 후손에게 물려주어야 할 소중한 국토"라고 말입니다.

2006년 5월

김종만, 명정구

차례
CONTENTS

머리말 :: 아주 특별한 바다 여행을 떠나며 4

바다목장을 가다 11

바다 위의 새로운 환경 실험 12
목장 만들기 프로젝트 9년 14

바다목장에는 울타리가 없어요 23

떠 있는 통제실, 소리로 길들이기 24
'만남의 장소' 만들어주기, 인공 어초 28
인공 어초의 설치와 관리 35
또 하나의 삶터, 바다숲 39

기적의 목장!
사라진 바다자원을 회복시키다 45

어떤 물고기를 키울까? 47
기적의 현장을 가다 49
바다목장의 침입자들 60

바다목장의 식구들 63

① 볼락 66   ② 조피볼락 69   ③ 참돔 71   ④ 감성돔 74
⑤ 돌돔 76   ⑥ 황점볼락 80   ⑦ 넙치 82   ⑧ 쥐노래미 86
⑨ 자바리 89   ⑩ 오분자기 92   ⑪ 참전복 93
⑫ 말전복 95   ⑬ 소라 96

바다목장 관리하기 99

바다 속 생태계, 해역의 생물 환경 특성 100
따로 또 같이, 해양 생물 군집의 특성 104

에필로그 :: **바다, 인류 최후의 보고(寶庫)** 109

- ★ 한국의 나폴리, 통영을 가다 · 20
- ★ 물고기는 어떻게 소리를 들을까? · 27
- ★ 어항에서 관상어를 키우듯이 먹이를 줄까? · 44
- ★ 바다목장에 적합한 물고기 선발대회 · 48
- ★ 물고기들은 수십만 개의 알을 낳는데 그 많은 새끼들이 모두 자란다면 바다목장이 필요없는 거 아닐까? · 55
- ★ 물고기 표지는 어떻게 할까? · 57
- ★ 불가사리의 두 얼굴 · 62
- ★ 가자미, 넙치, 도다리, 서대는 어떻게 다를까? · 84
- ★ 자바리와 능성어, 다금바리는 어떻게 다를까? · 90
- ★ 한눈으로 보는 통영 바다목장 · 106

바다목장을 가다

 안녕하세요, 여러분. 아름다운 바다목장에 오신 걸 환영합니다. 저희는 이곳 통영의 바다목장을 관리하는 바다목장지기랍니다. 지금부터 여러분을 흥미진진한 바다목장의 세계로 안내하려고 해요.

 '바다에 웬 목장?' 하고 생각하시는 분들도 있을 거예요. '목장' 하면 일단 푸른 초원을 연상하게 되니까요. 여러분도 아시다시피 목장은 일정한 시설을 갖춰 소나 말, 양 따위를 놓아기르면서 필요할 때 가축으로부터 고기나 우유를 얻는 곳이지요. 바다목장도 마찬가지입니다. 사람들이 언제든지 쉽게 볼락이나 조피볼락(우럭), 참돔, 전복과 같은 해양 생물자원을 잡을 수 있도록 인위적으로 만든 곳이니까요. 다만 초원의 목장에는 가축을 지키는 목동이나 개, 적당한 울타리가 있지만 바다목장에는 그런 것이 없다는 것이 차이점이라고 할 수 있습니다. 드넓은 바다에 있으면서도 울타리도 없고, 바다 속에 잠수해서 온종일 물고기 떼를 몰고 다니는 양치기, 아니 물고기치기도 없는 것이죠. 어떻게 그런 일이 가능할까, 정말 신기하지 않으세요?

바다 위의 새로운 환경 실험

바다목장은 일본 규슈[九州]의 오이타 현[大分縣]이라는 곳에서 처음 시작되었습니다. 그리고 우리나라에서는 이곳 통영에서 1998년에 처음 시작되어 이후 전라남도 여수, 경상북도 울진, 충청남도 태안, 제주도 고산 해역을 시범 단지로 정해 사업을 추진하고 있습니다.

　바다목장의 필요성은 우리나라 연근해의 해양 생물자원이 환경오염과 지나친 남획 등으로 인해 급격히 줄어들면서 제기되었습니다. 우리나라 연근해 해양 생물자원의 생산량은 1950년대 이후 어업 근대화에 따라 증가하여 1970년대에 100만 톤을 넘었고 1980년대에는 150만 톤까지 증가하였으나, 그 후 증가율이 낮아져 2000년대에 들어서는 100만 톤 수준으로 줄어들었습니다. 2002년도에는 수산물 생산이 총 247만 6,000톤으로, 연근해 어업에서 109만 6,000톤, 양식에서 78만 2,000톤, 내수면에서 1만 9,000톤, 원양 어업에서 58만 톤을 기록하였습니다.

최근 들어 전 세계적으로 수산물이 성인병 예방에 좋은 건강식품으로 각광받으면서 수산물 소비량도 크게 증가하는 추세입니다. 우리나라도 국민소득 증대와 함께 수산물 소비량이 점차 증가하고 있는데, 연간 1인당 수산식품 소비량은 1980년에 27킬로그램에서 1990년에는 36.2킬로그램, 1997년에는 43.6킬로그램으로 증가하였습니다. 또 수산식품이 전체 동물성 단백질 공급원에서 차지하는 비율은 41.9퍼센트나 될 정도로 매우 높아, 그 부족한 부분은 대부분 외국에서 수입하고 있는 실정입니다. 그러니 이런 상태가 계속된다면 점차 해양 생물자원이 고갈되어, 결국은 후손들에게 황폐화된 바다를 물려주게 될 것입니다.

그래서 생각해낸 것이 바로 바다목장입니다. 즉 수산물의 수확량을 늘리면서도 생물자원의 고갈이 없는 친환경적인 체계를 만들고자 하는 것입니다.

목장 만들기 프로젝트 9년

우리나라 남해안에 위치한 경상남도 통영시는 '한국의 나폴리'라고 부를 정도로 매우 아름다운 도시입니다. 한려해상국립공원과 충무공 이순신 유적지로 유명한 곳이지만, 어쩌면 여러분께는 '통영'이라는 지명이 조금은 낯설지도 모릅니다. 1995년 행정구역 개편에 따라 충무시와 통영군이 합쳐져 통영시로 이름이 바뀌었기 때문이지요. '통영'이라는 지명은 임진왜란 당시 이곳에 삼도 수군통제사가 주둔하는 진영(통제영 또는 통영)을 두었던 데서 유래한 이름입니다. 물론 지금은 삼도 수군통제사 대신 바다목장이 새로운 진영을 꾸리고 있지요.

통영 바다목장의 해상기지로 가기 위해서는 통영시 산양면 연명마을 앞에서 배를 타야 합니다. 1998년 처음 사업이 시작된 이래 지금까지 9년 동안 '소리 없는 환경 실험'이 이곳 연명마을 앞바다에서 조용히 진행되고 있었던 것이죠. 그리고 9년의 기나긴 실험 끝에 이제야 그 결실이 우리 앞에 어렴풋이 모습을 드러내기 시작한 것입니다.

사실 바다목장은 '여기에 목장을 만들자'고 해서 바로 시작할 수는 없습니다. 한국해양연구원이 추진하는 바다목장 사업은 3단계에 걸쳐 진행되어왔는데, 1998년에서 2000년까지의 1단계 기간에는 '바다목장 기반 조성'에 목표를 두었습니다. 이

바다목장 마을인 연명마을의 전경(위)과 배를 운전하고 있는 박용주 씨(아래, 현장소장). 박용주 소장은 바다목장에 파견되어 이곳에서 일어나는 모든 기술적인 일을 지원·관리하고 있다. 연명마을에서 바다목장 해상기지까지의 유일한 교통수단이 바로 이 배다.

바다목장 통제실에서 박용주 소장이 매일 바다목장의 수중 상태와 환경 요인들을 확인하는 모습.

3년 동안 한국해양연구원은 통영시 앞바다에 바다목장을 조성했을 때 바다 환경이 이를 받아들일 수 있는지를 평가하고, 바다목장에서 관리하려는 대상인 바다생물이 바다 환경과 어떻게 어울려 사는지를 조사했습니다. 또 바다생물들이 어디에 많이 모여 살 수 있는지를 판단하는 연구와 함께, 바다생물들을 바다에 방류한 후 자연 상태에서 적응력을 높일 수 있도록 하는 순치 기술 개발, 바다목장의 조성 기술 개발, 그리고 사회경제적 타당성에 대한 연구도 함께 진행했습니다.

2단계로, 2001년부터 2004년까지 4년 동안은 실제로 바다목장을 조성했습니다. 이 단계에서는 물고기가 살 수 있는 집(인공 어초)을 지어주고 그곳에서 살아갈 물고기를 방류한 후 행동 특성을 연구했습니다. 이 시기에는 방류한 물고기들이 바다목장 주위에서 계속 생활할 수 있도록 순치 기술을 적용하는 것이 큰 과제였습니다. 바다목장에 직접 와보시면 아시겠지만 그 결과는 매우 성공적이라 할 수 있습니다. 동네 어민들이 몸살을 앓을 정도로 많은 수의 물고기들이 바다목장 근처에서 생활하고 있기 때문입니다. 지금은 바다목장 해역(보호 수면)에서

견학 온 사람들이 바다목장의 가두리 시설을 살펴보고 있다.

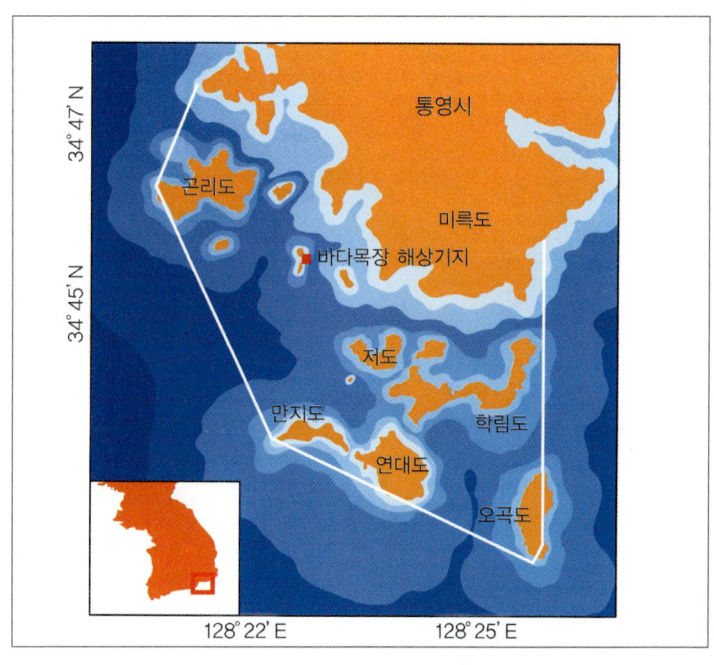

바다목장 해역(경상남도 통영시 산양읍 일대-20㎢ 면적)

물고기를 잡을 수 없도록 되어 있기 때문에 어민들은 눈앞에 득실득실한 물고기들을 보고도 잡지 못하고 있습니다.

  3단계로, 2005년부터 2006년까지는 생태계 변화를 지켜보면서 방류된 물고기를 얼마만큼 잡을 것인가, 어떤 기구를 통해 잡아야만 적정한 개체를 보호할 수 있는지를 결정하게 됩니다. 그리고 1998년부터 사용된 시설을 점검하여 그 효과에 대한 조사를 하게 됩니다. 하지만 무엇보다도 시험을 끝낸 바다목장은 통영시와 어민들이 중심이 되어 관리하는 것이 중요합니다. 그래서 2005년에 통영시, 어민, 관련 연구원으로 구성된 '통영 바다목장 관리이용협의회'를 조직하여 2006년 이후에 목장을 관리하기 위한 준비 작업을 시작했습니다.

한국의 나폴리, 통영을 가다

바다목장을 구경하기 위해 이곳 통영을 찾으셨다면 바다목장 외에도 멋진 볼거리를 만날 수 있답니다. 여기서 잠깐, 통영의 대표적 명소 몇 군데를 소개할까 해요.

달아공원 통영시의 명소 가운데 하나로, 통영시 남쪽 미륵도에 있는 공원입니다. '달아(達牙)'는 이곳 지형이 코끼리 어금니를 닮았다고 해서 붙인 이름인데, 지금은 달을 구경하기 좋은 곳이라는 뜻으로 주로 쓰입니다. 이곳에서는 한려해상국립공원의 크고 작은 아름다운 섬들(비진도, 학림도, 조도, 송도, 연대도, 만지도 등), 그리고 다도해를 배경으로 멋진 장관을 이루는 일몰을 감상할 수 있기 때문에 일반 관광객들에게 널리 알려져 있습니다. 특히 바다목장 해역을 내려다볼 수 있어 우리에게는 더욱 특별한 곳입니다.

한려해상국립공원 경상남도 거제시에서 전라남도 여수시에 이르는 해안 일대에 자리한 해상 국립공원입니다. 한려(閑麗)는 한산도의 '한(閑)'자와 여수의 '여(麗)'자를 따서 붙인 이름입니다. 1968년 12월 해상공원으로는 처음으로 국립공원으로 지정되었습니다. 오동도, 한산도, 해금강 등 유명한 곳이 아주 많이 있습니다.

달아공원에서 바라본 바다목장 해역의 일몰

삼도 수군통제사 경상·전라·충청도 3도의 수군을 지휘 통솔한 수군 (해군) 총사령관을 말합니다. 초대 사령관은 이순신이었죠. 임진왜란 당시 일본에게서 평양과 한양을 되찾은 1593년(선조26), 일본군이 해상으로 후퇴하는 것을 효과적으로 막기 위해 통제사라는 직제를 새로 만들었습니다. 삼도 수군통제사가 지휘하는 곳을 통제영(統制營) 또는 통영이라 했는데, 처음에는 한산도에 두었다가 임진왜란이 끝난 후 두룡포(통영시)로 옮겼고 1895년(고종32) 7월 없어질 때까지 300년간 모두 208명의 수군통제사가 복무했습니다.

충무김밥 통영시 일대는 유난히 섬이 많은 지역이므로 여객선을 주요 교통수단으로 이용합니다. 그러다 보니 여객선이나 여객선 터미널에서 승객들에게 김밥을 파는 이들이 많았는데, 날씨가 더울 때에는 김밥이 쉽게 상하기 때문에 애를 먹었다고 합니다. 그런데 노점을 하시던 한 할머니가 맨밥에 김을 말아 김밥을 만들고 이 지역에서 많이 잡히는 주꾸미 무침과 통영 멸치젓으로 담근 무김치를 김밥과 따로 분리해 팔면서 김밥이 빨리 상하는 문제를 해결했답니다. 이것이 바로 충무김밥의 유래가 되었습니다. 그리고 통영시에서 이 김밥을 팔던 한 뚱보 할머니가 1981년 서울 여의도에서 열렸던 〈국풍 '81〉이라는 행사에서 충무김밥을 광주리에 담아 팔면서 온 나라에 유명해졌지요.

바다목장에는 울타리가 없어요

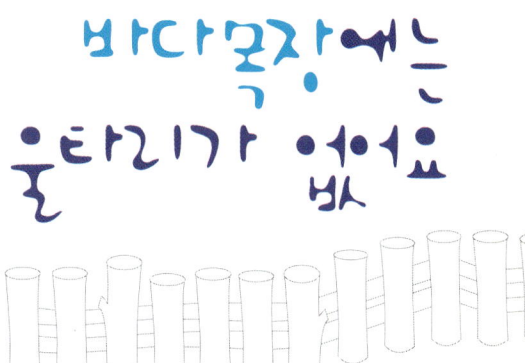

바다목장에 처음 오시는 분들마다 꼭 하시는 질문이 있습니다. "울타리가 없는데 어떻게 물고기들을 가두고 관리하나요?" 하는 것입니다.

  바다목장은 인공 먹이를 주면서 물고기를 가둬 키우는 양식장과는 달리 물고기를 가두지 않기 때문에 넓은 바다 전체가 모두 목장입니다. 따라서 물고기를 자유롭게 풀어놓으면서도 사람들이 필요에 따라 언제든 잡아들일 수 있어야 합니다. 즉 눈에 보이지 않는 울타리를 만드는 것이 바다목장의 핵심인 것이지요. 그래서 이를 위해 소리를 이용하거나 만남의 장소를 만들어주는 기술이 필요합니다.

떠 있는 통제실, 소리로 길들이기

먼저 소리를 이용하는 장치로 '음향급이기'라는 것이 있습니다. 사진에서 보듯이 바다목장에 떠 있는 노란색 사각형 쇳덩이가 바로 음향급이기입니다. 이 장치는 소리를 이용해 물고기를 길들이는 기계라 할 수 있는데, 우리 연구원들은 이것을 '떠 있는 통제실'이라고 부르지요(하지만 통영 바다목장에서는 대상 어종의 생태·행동 특성상 큰 역할을 하지 못하였습니다).

러시아의 과학자 파블로프가 개를 대상으로 한 유명한 실험 이야기는 모두 아실 거예요. 개에게 일정한 소리를 들려주면서 먹이 주기를 반복하면 개는 소리에 길들여져서 소리만 들어도 침이 분비된다는 실험 말예요. 이 조건반사를 이용하여 방류한 물고기들을 바다목장 해역에 일정 기간 머물게 하는 것이 바로 '음향 순치', 즉 소리로 길들이는 기술입니다.

먼저 인근 양식장에서 구해온 물고기 새끼들을 일정 기간 동안 일반 가두리 양식장에서처럼 가둬 키우면서 소리(음향) 학습을 시킵니다. 즉 먹이를 주기 전에 일정한 소리를 내서 새끼 물고기들이 모이게 한 후 먹이 주는 것을 반복하는 것이지요. 2~4주일이 지나면 새끼 물고기들은 소리에 길들여집니다. 이렇게 조건반사를 갖게 한 다음 새끼 물고기들을 바다목장 해역에 풀어주는 것입니다. 음향급이기를 통해 미리 설정한 시간에 소리

'떠 있는 통제실' 음향급이기. 소리를 이용해 물고기를 길들이는 장치이다.

를 내면 물고기들이 모이게 되므로, 울타리 없이도 물고기들은 일정 시간에 모여 인공 먹이를 먹게 되는 것이지요. 음향으로 길들이는 이유는 소리 전달이 공기 중(초당 340미터)에서보다 물속(초당 1,500미터)에서 더 잘 될 뿐만 아니라, 대부분 물고기들은 사람과 같이 좋은 청각 능력을 가지고 있기 때문입니다.

음향급이기는 크게 물속에서 소리를 내는 부분(음향 발생부)과 먹이를 주는 부분(사료 공급부)으로 구성되어 있으며, 그 밖에 음향급이기 작동을 위한 전원 공급부, 음향 발생부와 사료 공급부를 통제하는 조절부, 음향급이기의 자료를 분석하고 통제하는 육상 기지국 등으로 구성되어 있습니다.

그럼 음향급이기에서 이용되는 소리음은 어떤 것일까요? 주로 특정 주파수를 가진 소리의 반복음을 많이 사용하는데, 이

사람 발소리를 듣고 모여든 가두리의 조피볼락

때 주파수는 200~1,000헤르츠이고 소리의 크기는 약 135데시벨 정도입니다. 그 밖에도 비 오는 소리, 물방울 소리, 새우 소리, 먹이 주는 사람의 발소리 같은 자연음을 사용하기도 합니다. 또 물고기들이 먹이 먹는 동안 내는 소리(섭식음)를 사용하기도 합니다. 예를 들어 조피볼락(우럭)은 먹이를 먹을 때 쩝쩝 하는 소리를 내는데, 이 소리를 녹음하여 음향급이기를 통해 조피볼락을 유인하는 데 사용할 수 있습니다.

알맞은 소리를 선정하여 먹이와 함께 사용하면서 어린 물고기들이 '음향 신호 – 먹이 공급'에 대한 조건반사 반응을 보일 때까지 훈련을 합니다. 이때 훈련은 그물망으로 물고기를 일정 공간에 가두어놓고 실시합니다. 그리고 물고기가 훈련된 상태를 관찰하여 훈련이 마무리되었다고 판단되면 그물망을 제거하여 물고기를 바다에 풀어줍니다. 이후 훈련에 사용된 소리로 물고기를 유인하여 먹이를 주는 등 방류어가 자연 환경에 적응할 때까지의 일정 기간 동안은 관리를 할 수 있습니다.

음향 순치에서는 물고기들이 기억을 얼마나 오래 하느냐가 중요한 문제입니다. 예를 들어 기계 고장 등으로 잠시 소리를 들려주지 못하는 동안 물고기가 소리에 대한 기억을 모두 잊어

물고기는 어떻게 소리를 들을까?

물고기는 보통 귀가 머릿속에 있어 '속귀'라고 합니다. 그리고 물고기는 귀뿐만 아니라 옆줄(측선)을 통해서도 소리를 감지할 수 있습니다. 또 잉어과(科)의 물고기는 부레와 귀 사이에 있는 웨베르씨관이 청각 기관 역할을 합니다.

사람이 들을 수 있는 주파수 범위는 대략 20헤르츠에서 2만 헤르츠까지라고 합니다. 이는 아주 미세한 소리(20~100헤르츠)에서부터 귀에 굉장히 자극적인 소리(2만 헤르츠 부근 소리로 예를 들면 유리창을 스티로폼으로 긁는 소리 등)까지 들을 수 있는 것이죠. 그런데 물고기는 종류에 따라 들을 수 있는 소리의 범위가 다르다고 합니다. 메기류는 12,000헤르츠대의 소리까지 감지할 수 있으나, 보통 물고기가 들을 수 있는 주파수는 대략 1,000헤르츠이며, 대부분의 물고기가 들을 수 있는 일반적인 주파수는 100~800헤르츠에 집중되어 있습니다. 또 다른 감각기관인 옆줄은 주로 압력을 감지하는 기관으로, 물속을 통과하는 소리의 음압을 느낍니다. 이 때 느낄 수 있는 주파수는 대략 20~3,000헤르츠 범위인 것으로 알려져 있습니다.

물고기가 감지할 수 있는 소리는 사람이 들을 수 있는 주파수 내에 있기 때문에, 우리는 특수한 기구를 이용하지 않고도 물고기가 반응할 수 있는 소리를 만들 수가 있습니다. 바다에서 사람이 뱃전을 두들겨 물고기를 모으거나 물고기들이 양식장에서 관광객 발자국 소리 또는 먹이 주는 소리 등에 반응을 보이는 것도 그러한 예에 속합니다.

버린다면 음향 순치의 의미가 없기 때문입니다. 그래서 음향 학습은 기억과 지속을 의미하는 것입니다. 참돔은 적어도 4개월간 기억이 지속됨을 확인하였습니다.

'만남의 장소' 만들어주기, 인공 어초

사람들도 학교에서 공부를 하든 직장에서 일을 하든 저녁이 되면 등을 대고 누울 집이 필요하지 않습니까? 그리고 오랜 여행에서 돌아와서는 "집이 최고다!" 하며 휴식을 취하지 않습니까?

사람들과 마찬가지로 물고기들에게도 쉼터가 필요하다는 것을 이용한 것이 바로 '만남의 장소', 즉 '인공 어초(魚礁)'입니다. 물고기가 서식할 수 있도록 물속에 설치한 인공 구조물이지요. 물고기들에게 일종의 아파트를 분양해주는 셈인데, 우리가 숲을 보호하기 위해 나무에 새집을 만들어 매달아주는 것과 같은 이치지요. 즉 인공 어초는 사람들이 만들어주는 집이라 할 수 있습니다.

그런데 사실 자연 상태의 어초는 집이라기보다는 '먹을 것이 많은 곳'이라는 표현이 정확할 것입니다. 바다 속에 동네 뒷산 같은 땅 덩어리가 불룩 솟아올라 있다고 생각해보세요. 바닷물이 흐르다 그곳에 부딪히면서 흐름이 바뀌어 소용돌이를 만들게

자연 어초(위)와 인공 어초에 모여든 물고기들(아래)

됩니다. 그러면 물속에 녹아 있는 산소가 흩어지고, 이 신선한 산소를 쫓아 플랑크톤이 자연스럽게 모이게 되지요. 그러면 플랑크톤을 먹이로 하는 작은 생물들도 자연스럽게 많아지겠죠? 그 뒤는 연쇄적입니다. 작은 물고기가 모이면 그것들을 먹기 위해 큰 물고기가 모이고, 그러다 보면 자연스럽게 커다란 어장이 형성되는 것이지요. 그래서 자원이 고갈된 바다에 생물자원을 불러들이려면 어초를 잘 관리해야 하는 것입니다. 만약 자연 어초가 없다면 인공 어초를 만들어 비슷한 조건을 만듭니다.

남태평양의 열대 해역에는 수많은 어초가 있는데, 이곳 해역에는 다랑어를 비롯해 다양한 물고기들이 아주 풍부하기 때문에 세계 여러 나라의 어선들이 몰려듭니다. 세계적으로 북아메리카 캐나다 근해의 뉴펀들랜드 어초와 북해의 조지아 어초는 생산력이 매우 높은 어장입니다. 최근에는 남아메리카 대서양의 파타고니아 근해에도 어장이 급격하게 개발되고 있습니다.

바다목장에 이용되는 어초는 자연 어초와 인공 어초로 나눌 수 있습니다. 인공 어초는 대상 생물과 지형에 맞춰 여러 가지 모양으로 만드는데, 우리나라 연안에 설치된 인공 어초는 형태와 기능에 따라 종류가 각기 다릅니다. 우리나라 인공 어초는 형태별로는 사각형, 점보형, 육각형, 원통형, 반구형, 요철형, 육교형, 사다리형 8종으로 나누고, 기능별로는 어류초와 패·조류초로 나눕니다. 어류초는 물고기를 대상으로 수심 20미터 이상 되는 곳에 설치하고, 패·조류초는 조개류(패류)나 해조류를 대상으로 수심 20미터 이내에 설치합니다.

인공 어초는 대부분 콘크리트와 철제를 재료로 해서 만드는데 지금까지 시설된 것들 가운데 형태별로는 콘크리트 사각형 인공 어초가 85퍼센트를 차지하고, 기능별로는 어류용 인공 어초가 90퍼센트를 차지합니다. 인공 어초의 수명은 약 50년이고, 오랫동안 바다 속에 설치해도 물을 오염시키지 않는 친환경적인 요소를 강조합니다.

간혹 오래된 선박을 바다에 집어넣어 인공 어초로 활용하기도 합니다. 영화에서 침몰된 배 안으로 잠수부들이 들어갈 때 많은 물고기들이 놀라 달아나는 모습이 가끔 나오는데, 바로 폐선이 인공 어초의 역할을 하고 있음을 보여주는 것입니다..

현재 해역별, 대상 생물별로 효과적인 시설을 개발하기 위하여 10여 종의 새로운 인공 어초를 실험·연구하고 있습니다. 지금까지 여러 방법으로 시행한 조사에 따르면, 인공 어초의 효과는 기본적인 여건에 따라 조금씩 다르지만 물고기 양을 대략 2~3배 증가시킨다는 결과가 나왔습니다.

① 콘크리트 사각형 어초 : 크기는 2×2×2미터, 한 개 무게는 3.38톤이고, 시설 기준량은 400×400미터(약 48,000평) 넓이에 100개를 시설하도록 되어 있습니다. 제작이 쉽고, 조류가 소통

하기 좋으며, 부착 생물의 서식 면적이 넓어서 해양 생물의 생산을 증대하는 효과가 있습니다. 또 인공 어초 단지를 조성하기가 쉽습니다.

인조 해조장

② 인조 해조장 : 자연 해조류 대신 폴리에틸렌으로 만든 인공 해조를 이용해 해조장을 제작한 것으로, 크기는 10×10×1미터입니다. 볼락류 새끼들이 정착하여 성장하기에 적합한 구조이며, 통영 바다목장에서 효과를 실험하고 있는 중입니다.

③ 2단 상자형 강제(鋼製) 어초 : 강철로 만든 대형 어류용 어초로, 크기는 10×10×10미터입니다. (주)포스코에서 통영 바다목장에 설치해주었습니다.

④ 연약 지반형 강제 어초 : 연약한 지반으로 인해 어초가 매몰되는 것을 방지하기 위한 강제 어초로, 크기는 10×10×2미터입니다. 현재 통영 바다목장 내에서 모래와 진흙이 섞인 사니질 바닥에 설치되어 있습니다.

⑤ 목선 강제 복합 어초 : 어선의 수를 줄이는 감척 사업에서 나온 50톤급 목선을 강철과 복합시켜 만든 어초로, 크기는 26×16×6 미터입니다. 선박의 내부, 외부 구조를 최대한 이용하여 물고기 집으로서 효과가 뛰어난 것으로 나타났습니다. 다만 강철과 목재가 복합된 어초이므로 두 재료 간 수명의 차이에서 발생하는 문제점을 갖고 있습니다.

목선 강제 복합 어초

⑥ 상자형 어초 : 통영 바다목장 사업의 연구 결과를 응용해 만든 어초로, 기존의 사각형 어초보다 내부 구조가 복잡하고 볼락류, 도미류가 한꺼번에 모여드는 효과를 기대할 수 있습니다. 크기는 3×3×3미터로 소형입니다.

⑦ 연안 다목적 어초 : 연안의 바다숲을 인공적으로 가꾸고 볼락류, 쥐노래미 등의 어류와 전복 등의 패류를 동시에 증식시킬 수 있는 다목적 콘크리트 어초입니다. 크기는 2×2×2미터

연안 다목적 어초

33

로 소형입니다.

팔각 반구형 강제 어초

⑧ 팔각 반구형 강제 어초 : 외곽을 반구형(돔형)으로 만든 어류용 강제 어초로, 그물이나 통발과 같은 어구가 어초에 잘 걸리지 않도록 만든 것입니다. 크기는 대형(지름13.5×높이9미터), 중형(12.8×6미터), 소형(12.5×4미터), 그리고 개량형 네 가지가 있습니다.

피라미드 강제 어초

⑨ 피라미드 강제 어초 : 볼락과 조피볼락의 행동 습성을 연구하여 고안한 강제 어초로, 리본형 철제를 사용하여 물고기가 좋아하는 구조로 만들었습니다. 크기는 10×10×7미터입니다.

⑩ 굴패각 어초 : 굴패각을 사용한 강제 어초로, 어류, 패류 등 생물들이 은신하여 알을 낳기에 적합하도록 고안하였습니다. 크기는 5.2×5.2×3미터입니다.

⑪ 삼각뿔 강제 어초 : 반구형 콘크리트 어초의 결점을 보완하여 어느 각도로 설치해도 같은 구조를 갖도록 고안한 강제 어초입니다. 크기는 4×4×4미터이며, 연안의 수심이 얕은 곳에 있는 어류와 패류를 대상으로 합니다.

삼각뿔 강제 어초

인공 어초의 설치와 관리

드넓은 바다에서 인공 어초를 어디에 설치할 것인가는 참 어려운 문제입니다. 물고기가 없는 곳에서는 낚싯대를 드리우고 한참을 앉아 있어도 물고기가 입질을 하지 않듯이, 인공 어초도 효과를 보려면 물고기들이 선호하는 지역에 설치해야 합니다.

그럼 어떻게 대상 지역을 선정할까요? 기초적인 조사는 해당 해역에서 계속 고기를 잡아온 어부들에게 자문을 하면서 시작합니다. 지금은 생물자원이 고갈되어 없지만 "예전에는 거기 고기가 많았지" 하는 곳을 우선 조사하는 것입니다. 인공 어초를 설치하는 목적은 자연 해역이 가진 생물 생산력을 증대시켜 적절한 바다목장 환경을 조성하는 것이므로, 아래와 같은 조건에 맞

자연 암초

자연석을 바다 속에 넣어
인공 암초 지대를 조성하고 있다.

는 지역을 선정해야 합니다.

첫째, 해역의 환경이 양호하게 보존되고 있으며, 바다생물이 알을 낳기에 좋은 조건을 가진 곳. 그리고 불법 어업 행위를 손쉽게 방지할 수 있는 곳.

둘째, 어촌과 가깝게 있으면서 어업 장소로 이용이 가능한 곳.

셋째, 해저 경사가 완만하고 되도록 평탄하며, 바닥이 파이는 현상이 일어나지 않아 인공 어초가 유실될 우려가 없는 곳.

넷째, 어장이 형성되어 있는 자연 암반 어장과 유사한 환경을 가졌으면서도, 암반의 발달이 나쁘고 생물 밀도가 적어 어장이 형성되어 있지 않은 곳.

다섯째, 인공 어초가 매몰될 우려가 없는 곳.

여섯째, 파도에 의해 바닷물의 흐름이 빠르고 바다 퇴적물이 오염되지 않아 수질이 양호한 곳.

인공 어초의 설치

그러나 인공 어초를 바다 속에 설치하는 것으로 모든 일이 끝나는 것은 아닙니다. 인공 어초는 시설 자체도 중요하지만 철저한 관리도 중요하기 때문입니다. 그래서 우리 연구원들은 적당한 지역에 적당한 수의 인공 어초가 투입되었는지, 투입된 인공 어초가 예상한 위치에 쌓여 있는지, 땅 꺼짐이나 물살에 의해 유실된 인공 어초는 없는지, 그리고 최종적으로 인공 어초로서 구실을 제대로 하는지를 주기적으로 확인하고 점검하고 있습니다.

수중에서 인공 어초 상태를 점검하고 표본을 조사하는 모습.

이를 위해 중요 지점마다 무인 등대와 같은 부표를 설치하고 한 달에 한 번씩 정기적으로 조사를 합니다. 부착 생물의 생태와 물고기가 모여 있는 정도를 표본 조사하고, 수중 촬영이나 잠수 조사를 통해 인공 어초의 보존 상태나 관리상의 모든 문제점을 검토합니다.

인공 어초 관리에서 가장 중요한 것은 '보호 수면'을 지정하는 일입니다. '보호 수면'이란, 수산자원의 보호를 위하여 어업을 제한하는 구역을 말하는데, 어민들이 인공 어초 설치 해역에서 무분별하게 물고기를 잡아들이면 바다목장이 형성되기도 전에 물고기 자원이 고갈되고 말기 때문에 보호 수면은 꼭 필요합니다.

통영 바다목장 해역은 '보호 수면'으로 지정되어 보호·관리되고 있다.

2000년 제정된 수산자원보호법에 따라 바다목장 시범 해역에 보호 수면이 지정되어 그 안에서는 어로 행위가 금지되었습니다. 그리고 2005년에는 보호 수면을 제외한 모든 바다목장 해역이 '수산자원 관리 수면'으로 지정되어 어민들 스스로 자원을 보호하면서 관리하게 되었습니다.

또 하나의 쉼터, 바다숲

사람들이 숲에서 많은 것을 얻고 휴식을 취하며 심지어 병든 몸을 치유하기도 하듯이, 바다생물에게도 바다숲은 매우 중요합니다. 특히 번식과 관련해 없어서는 안 되는 조건이므로 더

인공적으로 조성한 바다숲. 바다숲은 바다생물들에겐 없어서는 안 될 중요한 삶의 터전이다.

통영 바다목장에서는 주로 감태, 곰피, 모자반류 등으로 바다숲을 조성했다.
사진은 모자반(왼쪽)과 감태(오른쪽)

욱 가치가 있습니다.

　물고기를 비롯한 많은 바다생물들이 바다숲에서 번식을 합니다. 그러므로 제대로 된 바다숲을 조성하기만 한다면 물고기들을 내쫓으려고 해도 할 수가 없을 것입니다. 그래서 울타리 없는 목장이 만들어질 수 있는 것입니다, 저 깊은 바다 속에서.

　바다숲 만들기란, 지구 온난화나 환경오염으로 인해 바다숲이 사라지면서 바다생물들의 삶의 터전이 없어지는 것을 막기 위한 것으로, 자연 해조류나 인조 해조류를 이용해 바다 속에 인공적으로 숲을 만들어주는 것입니다. 바다숲은 태양 에너지를 흡수하여 바다의 1차 생산력을 높여줄 뿐만 아니라, 수많은

어초에 모인 조피볼락

바다생물들에게 직접적인 생활 터전을 제공하여 산란장, 은신처, 성육장의 역할을 하기 때문에 연안 어업의 생산성을 높이는 역할을 합니다.

  바다숲을 만들기 위해서는 자연 해조류로 만든 어초는 태양 광선이 충분히 투과하는 얕은 연안에 설치하고, 그보다 깊은 곳에는 인조 해조류로 만든 어초를 설치합니다. 그리고 해조류를 선택할 때는 다음과 같은 조건에 맞도록 해야 합니다.

  첫째, 바다숲은 그 조성 목적에 따라 선정하는 해조류가 달라집니다. 바다숲은 경제적인 가치를 추구하기 위한 것, 유용 자원을 증식하기 위한 것, 생태계 물질 생산과 바다생물의 서식 공간을 위한 것 등으로 나눌 수 있는데, 그 목적에 따라 그에 적합한 해조류를 선정해야 합니다. 참고로 이곳 통영의 바다목장에서는 감태, 곰피, 모자반류 등으로 바다숲을 조성했습니다.

둘째, 바다숲을 유지하는 데 드는 노력과 비용이 부담스럽지 않은지 판단합니다. 어렵게 바다숲을 만들었는데 그것을 유지하는 데 지나치게 많은 비용이 든다면 문제가 되겠죠? 다년생 해조류는 일년생 해조류보다 유지 비용이 적게 들고 1년 내내 숲을 이루므로 효과가 큽니다.

셋째, 시간이 중요합니다. 선정된 해조류의 성장 속도와 바다숲 조성에 필요한 시간은 서로 연관되어 있기 때문이죠. 그러므로 해마다 동일한 규모의 바다숲을 유지하려면 모자반, 곰피, 감태 등과 같이 매년 일정한 규모의 바다숲을 보장해주는 해조류를 선택해야 합니다. 김이나 도박처럼 경제적 가치가 있거나 모양이 좋은 해조류라 해도, 조성된 숲의 규모가 너무 작아서 바다숲이라 하기에 문제가 있는 종은 대상에서 제외되지요.

어항에서 관상어를 키우듯이 먹이를 줄까?

이 역시 바다목장을 찾는 분들이 많이 질문하는 것입니다. 바다목장 해역의 물고기 중에는 자연산 물고기도 있지만 대부분은 바다목장에서 적응 훈련을 한 뒤 방류한 것들입니다. 가두리에서 키울 때 물고기 새끼들이 자연 환경에 적응할 수 있도록 밤중에 불을 밝혀 자연산 플랑크톤을 모은 후 자연 먹이를 잡아먹도록 유도한 것이죠.

이런 과정을 거쳐 물고기들을 바다목장에 방류한 후에는 자연 먹이에 완전히 적응할 때까지 일정 기간(한두 달) 동안 음향급이기를 통해 모이게 한 후 먹이를 주기도 합니다. 이때는 양식장에 있을 때보다는 먹이를 적게 공급합니다. 바다에 존재하는 온갖 플랑크톤과 작은 새우 같은 자연의 먹이에 의존하여 살아가도록 하는 것이 중요하니까요.

통영 바다목장에서는 새끼를 방류하기 전에 해상 가두리에서 충분히 자연 먹이에 길들여졌기 때문에 방류 후에는 인위적인 먹이 공급을 하지 않았습니다.

바다목장 해역의 플랑크톤을 조사하는 모습.

기적의 목장!
사라진 바다자원을 회복시키다

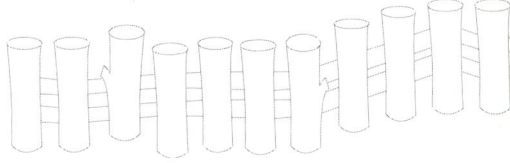

바다목장을 보러 오는 사람들의 반응은 모두 비슷합니다. 통제실 주변에 많은 물고기들이 모여 있는 것을 바라보면서, 그저 여기는 물고기가 많구나 하는 정도의 반응이 대부분이죠. 혹은 "여기서 낚시할 수 없나요?" 하고 묻기도 합니다. 지금은 어떤 어로 행위도 금지되어 있지만, 바다목장이 제대로 조성되면 나중에는 물론 낚시도 할 수 있을 것입니다.

현재 통영 바다목장의 통제실 주변에 있는 물고기들은 우리 연구진이 방류한 것들인데, 새끼들이 자연 환경에 잘 적응해서 건강하게 지내는 모습을 볼 수 있습니다. 바다목장이 필요한 이유가 고갈된 바다자원을 회복시키는 것이었으니, 여러분들은 사라졌던 물고기들이 다시 생겨나는 기적의 현장을 보고 있

바닷가의 바위 주변에는 돌김, 따개비, 지충이를 비롯한 해조류 등 물고기의 먹잇감이 풍부하다.

는 셈입니다. 그럼 이제부터는 어떻게 바다목장의 자원을 만들어가는지를 설명하겠습니다.

어떤 물고기를 키울까?

바다목장에 어떤 물고기를 키울 것인가는, 제일 먼저 지역 어민에게 부근 해역에 어떤 물고기가 많이 존재했는지 묻는 것으로 시작합니다. 그 중 어민들에게 소득을 올려주지 않는 물고기는 빼고 육성할 만한 가치가 있는 물고기를 가려내서 대상을 선정합니다. 여러분도 아시다시피 흔히 양식되는 물고기는 대부분 사람들이 많이 찾고 또 맛있어하는 것들입니다. 그러므로 바다목장의 물고기 선정도 바다목장이 활성화되어 어획이 이뤄질 미래에 경제성이 어떠할지를 고려해야 합니다.

또한 선정된 물고기가 우리나라 해역의 수온 환경에 잘 적응하는 것인지를 살펴야 합니다. 선정된 물고기가 여름종이면 겨울에 따뜻한 바다 쪽으로 회유하고, 겨울종이면 여름에 찬 바다 쪽으로 회유하기 때문에, 자원 조성 효과가 낮아지거나 불가능해집니다. 따라서 바다목장 해역에서 1년 내내 살 수 있는 어종인가를 살펴야 하는 것입니다. 아울러 이동성이 강한 어종은 다른 곳으로 이동할 가능성이 높기 때문에 가능한 한 정착

바다목장에 적합한 물고기 선발대회

볼락 : 정착성이 강한 경상남도 도어(道魚)

조피볼락 : 정착성이 강한 대형 고급 볼락류

황점볼락 : 전라남도 연안에 주로 서식하는, 정착성이 강한 고급 볼락류. 자원 고갈 현상이 심함.

넙치 : 모래펄 바닥에 서식하는 대형 고급어

감성돔 : 국내 전 연안에 서식하며 회유 범위가 참돔보다 좁은 고급 도미

돌돔 : 암반 바닥에 서식하며 최고의 맛과 힘으로 유명한 도미

자바리 : 제주 지방에서 다금바리라 부르는 최고급 바리류의 일종

쥐노래미 : 서해에서 자원량이 많고 횟감으로 유명한 노래미

성인 어종을 택하고, 자연 생태계를 교란하지 않는 종으로 선별합니다.

그럼 선정된 물고기를 어디서 구해올까요? 어항을 샀는데 물고기가 없으면 안 되겠죠? 어항을 사면 수족관에서 마음에 드는 물고기를 사서 키우는 것처럼, 바다목장에서도 처음에는 인근 양식장에서 새끼들을 사와서 키우기 시작합니다. 그리고 이후 적응 과정을 거쳐 바다목장 해역에 방류하는 것입니다. 자, 그럼 이제 물고기를 키워서 방류하기까지의 과정을 살펴보도록 해요.

기적의 현장을 가다

하나, 건강한 물고기 선별 | 우선 건강한 물고기 새끼를 선별해야 합니다. 지금까지 어린 물고기를 생산하는 기술 개발은 육상의 수조나 가두리에서 양식을 하기 위한 것에만 초점을 맞추어왔습니다. 그러나 바다목장에 방류할 어린 물고기는 양식용과는 다른 특징들을 가져야 합니다. 그래야 잘 자라서 어미가 된 다음, 다시 튼튼한 새끼를 많이 낳지 않겠어요?

당연한 이야기지만 우리는 물고기 새끼를 선별하면서 다음과 같은 기대를 하게 됩니다.

알을 낳기 전의 볼락 어미

첫째, 새끼는 방류 후 죽거나 잡아먹히지 않고 무사히 살아남아야 한다.

둘째, 방류 후 빠른 시간 내에 스스로 먹이를 찾아 먹을 수 있어야 한다.

셋째, 육식성 포식자를 피하여 안전하게 살아갈 수 있는 장소를 스스로 찾을 줄 알아야 한다.

그래서 방류용 어린 물고기는 양식용과는 달리 너무 뚱뚱해도 곤란하기 때문에, 새끼를 생산하는 과정에서 적정한 밀도와 물의 흐름을 유지해주어야 합니다. 또 같은 어미로부터 대를 거듭해서 계속 새끼를 생산하게 되면 유전학적으로 나빠질 우려가 있기 때문에, 어미를 선택할 때도 자연산 어미를 주기적으로 섞는 식의 유전적 관리가 필요합니다.

바다목장에 방류할 어린 물고기들은 인근 양식장에서 구할 수도 있지만 바다목장 해역의 해상 가두리 시설에서 관리된 어미들로부터 새끼를 부화시켜 얻기도 합니다.

둘, 적응 훈련 | 새끼는 무작정 방류하는 것이 아니라 그 전에 적응 훈련을 시킵니다. 양식장에서는 좁은 공간에서 많은 물고기들을 빠르게 성장시키는 것을 가장 중요하게 여깁니다. 먹이 또한 제 능력껏 잡아먹는 것이 아니라 그저 던져주는 먹이를

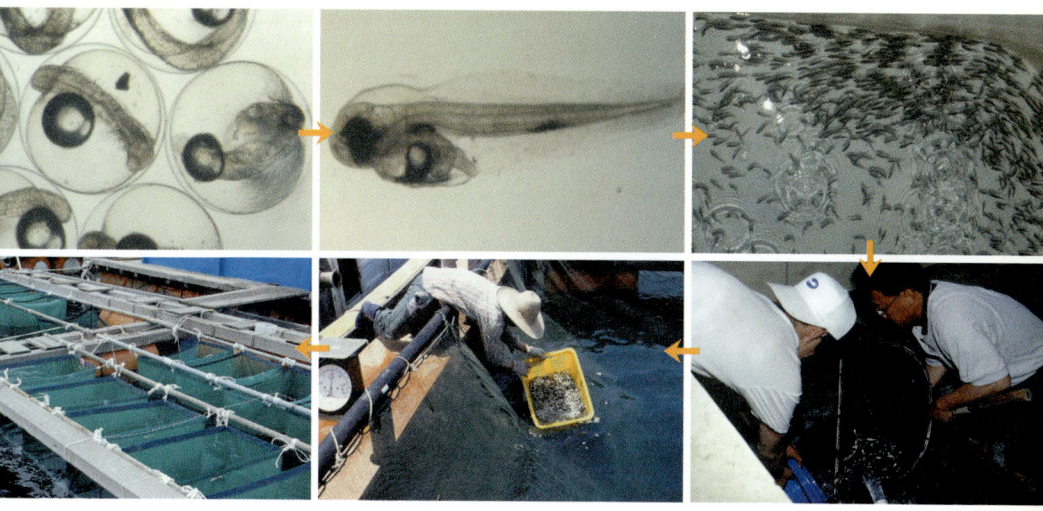

종묘 생산 단계. (사진 왼쪽부터 시계 방향으로) 수정란 → 부화자어 → 치어들 → 어린 물고기 선별 작업 → 육상 배양장에서 자란 어린 물고기를 해상 중간 육성장으로 옮기는 모습 → 중간 육성 실험용 가두리

받아먹는 것이니, 자연 상태와 같은 먹이 갈등이 거의 없습니다. 하지만 바다목장에 방류할 물고기들은 자연 상태에 적응해야 하므로 가두리 상태에서도 그런 조건을 만들어주어야 합니다. 그래서 사육 밀도를 낮추고 자연에서 섭취하는 것과 비슷한 먹이를 공급합니다.

셋, 음향 순치 | 물고기 새끼를 방류한 후 일정 기간 동안 먹이를 공급해주어야 할 경우에는 방류 전의 중간 육성 기간에 음향 순치를 함께 진행합니다. 앞에서도 설명한 것처럼, 물고기들에게 먹이를 공급하면서 음향급이기를 통해 신호를 보내고,

이를 반복하면서 물고기들이 소리에 익숙해지게 만드는 것입니다. 처음 며칠은 별 반응이 없지만 7일 정도 지나면 물고기들이 완전하게 소리에 반응하는 모습을 볼 수 있습니다. 이런 식의 적응 훈련을 마치면 물고기를 방류한 후에도 일정 기간 동안은 음향급이기를 통해 새끼들을 쉽게 모아서 먹이를 줄 수 있습니다.

넷, 표지 방류 | 새끼가 7~9센티미터 정도 자라면 바다목장 해역에 방류를 하게 되는데, 이때 나중의 방류 효과 조사를 위해서 물고기 몸에 일정한 표시를 합니다. 방류 후 물고기의 성장, 이동, 생존율 등을 파악해서 자원을 체계적으로 관리하기 위한 것이지요. 이를 '표지 방류'라고 합니다.

우리나라에서 표지 방류는 1924년 수산시험장(지금의 국립수산과학원)에서 고등어에 대해 실시한 것이 최초입니다. 이후 명태, 넙치, 전갱이, 송어, 정어리, 대구, 청어에 대해 실시한 적이 있습니다. 그리고 해방 이후에는 1962~1964년에 살오징어에 대해 처음으로 실시했는데, 당시 살오징어는 어획고가 약 4만 5천 톤에 달할 정도로 물고기별 어획고에서 수위를 차지하던 어종이었습니다. 이는 우리나라 국민이 하루에 한 마리씩 먹는다면 한 달간 먹을 양이었죠. 이때 사용한 표지는 두께 0.7밀리미터의 비닐로, 살오징어의 외투막 앞 끝에 붙였습니다. 재포획률

방류할 물고기 선별 작업

은 최하 0.6퍼센트에서 최고 8.46퍼센트로 대체로 30일 이내에 다시 잡혔고, 80일 이상이 지나 잡힌 것도 있었습니다. 이동 거리는 하루에 53킬로미터인 것이 최고였습니다. 이와 같은 표지 방류 사업을 통해 시기별 회유 경로를 파악할 수 있었습니다.

이 밖에 동해안에서 방어(1969), 꽁치(1967), 남해안에서 삼치(1967), 고등어·전갱이(1960, 1964, 1973~1975), 서해안에서 대하(1966~1968, 1971), 참조기(1961)에 대하여 실시한 적이 있

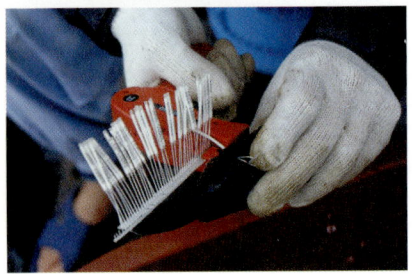

여러 가지 표지 방법

습니다. 1980년대 중반부터 본격적으로 시작된 동해안의 연어 방류 사업에서는 물고기의 배지느러미, 기름지느러미를 절단하는 방법을 시행하고 있습니다.

통영과 여수의 바다목장에서는 조피볼락, 볼락, 감성돔, 돌돔 등의 아가미 뚜껑을 절단하여 방류하고, 전복에도 표지를 다는 방법을 사용해왔습니다.

다섯, 방류 | 사람에 의해 부화된 새끼를 자연에 방류하면 초기에 포식자에게 많이 잡아먹히는 것으로 알려져 있습니다. 자연에서 태어난 새끼들에 비해 포식자로부터 도망치는 능력이 부족하기 때문입니다. 또 새끼를 방류하는 시기나 위치에 따라서도 방류 효과가 달라질 수 있습니다. 종류에 따라 다르지만 참돔과 같은 물고기는 수온의 영향을 크게 받기 때문에 적정한 수온 시기인 섭씨 20도 정도의 9월경에 방류해야 합니다. 그러지 않으면 수온 차이로 인해 방류 직후 지역을 이탈하는 경향이 있습니다.

습성도 고려해야 합니다. 볼락처럼 바위 같은 곳에 숨어 비

물고기들은 수십만 개의 알을 낳는데 그 많은 새끼들이 모두 자란다면 바다목장이 필요없는 거 아닐까?

물고기들은 수천 개에서 수억 개의 알을 낳는 다산(多産) 동물이지만, 새끼 때는 먹이를 제대로 찾아 먹지 못하거나 불리한 환경으로 이동, 또는 천적에 잡아먹히는 등의 이유로 인해 대부분이 죽고 극히 일부(1~5퍼센트)만 살아남게 됩니다. 물론 양식장처럼 적정한 수온, 풍부한 먹이, 포식자 없는 환경이라면 70~80퍼센트의 생존율을 보이기도 하지요. 하지만 바다목장에서는 자연 조건과 비슷한 환경을 유지하기 때문에 생존율이 그렇게 높지는 않습니다.

교적 많이 이동하지 않고 살아가는 물고기라면 먹이가 풍부한 곳에 인공 어초를 많이 설치한 후 방류를 합니다. 또 물고기에 따라 좋아하는 먹이가 다르기 때문에 각 물고기마다 먹이가 풍부한 시기에 방류해야 합니다. 새우와 같은 갑각류의 경우에는 그들의 포식자인 넙치, 쥐노래미가 따뜻한 수온을 싫어하기 때문에 이들이 비교적 적은 8~9월에 방류합니다. 공통적으로는 바다숲과 같은 은신처가 충분히 많아지는 시기나 장소를 택해

물고기 방류 후에는 방류 효과를 조사해야 한다. 사진은 통발을 이용해 개체수를 확인하는 모습.

서 방류합니다.

　이곳 통영의 바다목장에서는 8~10월경 조피볼락과 볼락을 방류하는데, 조피볼락은 이때가 자연 상태의 성장과 일치하는 시기이고, 볼락은 높은 수온으로 먹이가 풍부하기 때문입니다.

여섯, 방류 효과 조사 | 방류가 끝난 후에는 방류 효과를 조사합니다. 우선 방류한 개체들이 얼마나 이탈하는지를 조사하는데, 효과적인 관리를 위해 바다숲이나 인공 어초 지역, 그리고 인공 어초가 없는 지역을 나눠서 진행합니다. 인공 어초의 종류에 따라 조사 조건은 달라지며, 모여 있는 개체수의 차이도

함께 조사합니다.

조사는 잠수 조사와 선상 조사로 이루어집니다. 잠수 조사에서는 장비를 갖춘 연구원이 직접 잠수하여 육안으로 상황을 확인하고 사진을 촬영합니다. 이후 촬영 영상물을 영상 분석 방법으로 분석하여 개체수를 헤아리고 기록으로 남깁니다. 선상 조사는 통발을 이용하여 포획한 후 기록합니다.

물고기 표지는 어떻게 할까?

① 절단법: 말 그대로 끊어버리는 방법인데, 물고기는 꼬리지느러미 윗부분, 뒷지느러미, 등지느러미, 아가미 뚜껑의 뒷가장자리 일부를 끊습니다. 새우와 같은 갑각류는 복부 말단부 또는 제5각(다리)을 자릅니다. 이 방법은 생물체 손상이 적고 조작이 쉬우므로 효율적이지만, 자른 부분이 재생되기 때문에 다른 방법에 비해 발견율이 낮다는 결점이 있습니다. 연어는 절단된 지느러미 또는 아가미 뚜껑 뼈가 90일 이후에는 재생되어 원상으로 돌아온다고 합니다.

② 염색법: 생물체에 페인트나 에나멜을 바르거나 색소로 염색하여 표지하는 방법입니다. 돌고래 같은 바다 포유동물이나 조개류에는 페인트를 사용하고, 낙지(두족류), 새우(갑각류), 해파리(자포동물) 같은 종류는 메틸렌블루 또는 뉴트럴레드 용액을 체내에 주사하는 생체 염색을 합니다. 생체 염색은 방류 후 50~60일 동안 지속됩니다. 이 밖에 물고기 복부에 침을 찔러 색소를 넣는 방법과, 액체 질소를 사용하는 저온 인두질 같은 방법이 있습니다. 이 방법은 연구하고자 하는 대상이나 조사 방법, 연구 기간 등을 고려하여 결정합니다. 단기간 표지가 유지되는 염색법은 좁은 수조나 가두리 같은 동일한 환경 조건에서 짧은 기간에 개체별 차이를 확인하는 데 효율적입니다.

③ 부착법: 금속, 합성수지, 그 밖의 물질로 제작한 표지를 몸 일부분에 부착하거나 삽입하는 방법으로, 표지 위치에 따라 체외 부착법과 체내 부착법이 있습니다. 체외 부착법은 가장 보편적으로 사용되는 방법입니다. 물고기에서는 표지를 등지느러미 기부, 꼬리지느러미 기부, 아감딱지, 뒷지느러미와 같은 곳에 부착하고, 그 밖의 동물은 발에 부착합니다. 이러한 방법에서 표지가 물고기 몸을 손상시키거나 표지가 탈락하여 발견율이 떨어지는 결점을 보완하기 위하여 앵커형 표지가 개발되었습니다. 이것은 물고기 몸의 일부를 절개하여 체내에 표지를 삽입하고, 그것과 연결된 표지를 체외에 달아두는 방법입니다. 표지의 색으로는 원색을 많이 사용합니다. 한편 체내 부착법은 표지를 물고기 몸 안에 넣는 것으로, 청어, 정어리, 고등어, 각종 치어 및 고래 등에 사용합니다. 표지의 탈락이 거의

없고, 몸 밖에서의 저항이 없어 물고기 몸이 적게 손상된다는 것이 장점이지만, 밖에서 볼 때 표지한 물고기를 구분할 수 없다는 것이 단점입니다. 그래서 이 방법의 표지는 니켈 또는 철제로 만들어, 전자기를 사용하여 자동적으로 검출되도록 고안했습니다. 근래에는 체외 표지와 체내 표지의 중간형인 표지법도 사용합니다.

④ 유전적 표지 : 많은 생물에 적용이 가능하고 방류에 따른 2차 생산을 정확하게 확인할 수 있는 방법입니다. 이 방법은 노르웨이에서 대구를 대상으로 많이 시도하고 있으며, 자연 수계 안에 방류한 송어의 2차 생산력을 조사하기 위해서도 수행했습니다. 미토콘드리아 DNA는 모계 유전을 하며 부모 세대의 유전자가 변형 없이 자손 세대로 전달되는 특징을 가지므로, 방류한 생물(F_1)의 형질이 그대로 자손(F_2)으로 전달됩니다. 그리고 미토콘드리아 DNA의 조절 부위는 진화 속도가 빠르고 추출과 증폭이 쉬운 장점이 있습니다.

바다목장의 침입자들

바다의 어장에는 때로 뜻하지 않은 침입자들이 생겨나기도 합니다. 그 중 특히 어민들의 애를 먹이는 게 바로 수달입니다. 수달은 천연기념물로 지정하여 국가적으로 보호하는 동물이기도 하지만, 바다에서 양식을 하는 어민들에게는 애써 키운 물고기를 훔쳐가는 도둑이기도 합니다. 밤이 되면 육상의 은신처에서 나와 바다 위의 가두리 양식장까지 헤엄쳐 가서는, 가두리 속에 있는 물고기들을 잡아먹고 아침이 되기 전에 돌아가곤 합니다. 애써 키워놓은 물고기를 빼앗기지 않으려는 어민들과, 몰래 잡아먹으려는 수달 사이에 신경전이 계속됩니다.

바다목장은 해상 가두리 양식장처럼 수달에게 집중적인 공격을 받지는 않지만, 자연으로 방류하기 전에 어린 새끼들을 중간 육성하는 일정 기간 동안은 가두리를 그물로 덮어서 수달이 들어가지 못하게 조치해야 합니다. 작업상 여러 가지로 귀찮은 일인지라 다른 방법들을 강구하고 있지만 아직은 뚜렷한 대책이 없습니다. 또 황새와 같이 커다란 새들이 이른 새벽에 날아와 작은 물고기들을 쪼아 먹는 것도 여간 골치가 아픈 것이 아닙니다. 가두리 위에 몇 줄의 낚싯줄을 쳐놓으면 날개가 걸려 놀라서 도망가곤 하지만 역시 완벽한 대책은 아닙니다.

그러나 뭐니뭐니해도 바다목장을 비롯한 연안 어장에서 수산자원이 늘어나는 데 가장 큰 적은 부정 어업입니다. 허가받지 않은 장비와 방법을 이용해 작은 새끼나 알을 가득 밴 어미들을 마구잡이로 잡는 것은 막아야 합니다. 예를 들어 그물코가 아주 작은 그물이나 통발을 사용하면 어린 새끼 물고기들이 미처 자라기도 전에 잡히게 됩니다. 특히 일명 '고대구리'라고 불리는 소형 저인망 어선은 그 폐해가 아주 심각합니다. 촘촘한 저인망 그물로 바다 밑바닥을 싸그리 훑고 다니는 이 어업 방법은, 작은 새끼들은 물론 대상 생물이 아닌 많은 해양 생물 종들까지 함께 잡아서 자연 생태계의 파괴를 불러오게 됩니다. 이 외에도 애써 가꾸어놓은 바다목장 안에서 스쿠버다이버들이 불법으로 고기를 잡는(작살로 찍어서) 경우도 있습니다. 어미들이 새끼를 낳아야 하는 시기에 집중적으로 잡아버리면 물고기의 자연 증식을 가로막게 되고, 나아가 바다목장에 필요한 어미 수가 줄어들어 물고기 자원을 유지하기 어렵게 됩니다.

불가사리의 두 얼굴

불가사리는 이중적인 성격을 가지고 있습니다. 불가사리는 해양 생물을 마구잡이로 잡아먹는 난폭자인데, 특히 조개 양식장에서는 조개의 씨를 말려버릴 정도이기 때문에 그야말로 바다의 폭군이라 할 만합니다. 그런데 불가사리는 바다의 청소부 역할도 합니다. 해저에 유기물이 많이 쌓이면 이를 먹어치워서 바다를 깨끗하게 합니다. 바다목장의 인공 어초에도 불가사리가 많이 살고 있는데, 이들은 바다목장을 망치는 것이 아니라 바다목장의 물고기 배설물이나 생물의 잔해를 먹어치워서 바닷물이 유기물로 오염되는 것을 방지합니다.

바다목장의 식구들

지금까지 울타리 없는 바다목장이 어떻게 만들어지고 운영되는지를 살펴보았는데, 이제부터는 바다목장에서 어떤 생물자원들을 관리하고 있는지를 보여드릴게요.

1998년에 시작된 바다목장은 2010년까지는 시범 사업으로 삼아 연구에 중점을 두고 있습니다. 우리나라에는 현재 경상남도 통영과 전라남도 여수, 그리고 충청남도 서해안의 태안, 경상북도 동해안의 울진, 제주도 고산 해역 등 5개 지역에서 각각 지역적 특색에 맞게 바다목장의 기반을 조성하려 노력하고 있습니다.

통영과 여수 지역은 섬이 많기 때문에 '다도해형'으로 개발하고 있으며, 서해안은 '갯벌형'으로, 동해안은 '관광형'으로,

각 지역 바다목장의 주요 대상 어종

　제주도는 '수중 체험형'으로 개발하고 있습니다. 그래서 집중 관리하는(수익성이 좋은) 생물자원에도 조금씩 차이가 있지요. 통영은 조피볼락(우럭)·볼락, 여수는 돌돔·감성돔·황점볼락·볼락, 서해안은 조피볼락·넙치·바지락·갑각류, 동해안은 가자미·전복·가리비, 그리고 제주도는 돌돔·자바리(다금바리)·전복 등을 주요 대상으로 합니다.

　이러한 대상 어종은 사업을 진행하면서 변경할 수도 있습니다. 바다목장의 대상 어종을 선택하는 기준은 해당 해역에서 서식이 가능할 뿐만 아니라, 인공 어초를 설치하고 건강한 새끼를 집중 방류하면 자원 증대 효과를 얻을 수 있는 것들입니다. 즉 어민들의 소득 증대는 물론 바다목장 모델에 따라 수산자원 또는 관광자원으로서 제 역할을 할 수 있는 종들인 것입니다. 자, 그럼 이제 우리 바다목장의 식구들을 소개합니다~

1

볼락

학명 : *Sebastes inermis*

볼락은 지방에 따라서 뽈락, 뽈라구, 우럭 등으로 부르는데, 잡아 올렸을 때 아가미 뚜껑을 벌려 마치 뺨(볼)을 부풀린 것처럼 보인다 하여 붙여진 이름인 듯합니다. 볼락은 바위 지역에 사는 특성이 있습니다. 그래서 영어로는 '검은 줄무늬가 있고 바위에 붙어 사는 물고기(dark-banded rockfish)'라는 뜻의 이름으로 부릅니다.

주로 밤에 활동하는 야행성 물고기로 눈이 큰 것이 특징인데, 입은 뾰족하고 아래턱이 위턱보다 약간 깁니다. 빛깔은 서식 장소나 깊이에 따라 변화가 심하여, 수심 수미터의 얕은 곳에 사는 놈은 회갈색이지만 깊은 곳에 사는 놈은 붉은빛을 많이 띱니다. 암초 지대(물속 바위나 산호 지역)의 그늘에 숨어 사는 대형 볼락은 검은빛을 많이 띠어 '돌볼락'이라고도 부릅니다. 타원형 몸에는 5~6개의 불분명한 검은색 가로띠가 있고, 눈 아래쪽에 2개의 강한 가시가 있으며, 아가미 앞쪽 뚜껑 가장자리에는 5개의 가시가 있습니다. 크기는 보통 20~25센티미터이며 큰 놈은 30센티미터가 넘습니다. 우리나라 동해, 서해, 남해에 서식하며 일본 홋카이도(北海道) 이남에 분포합니다.

어미 한 마리가 낳는 알의 수는 몸 크기가 클수록, 나이가 많을수록 많아지는데, 2년생은 5~9천 개, 3년생은 3만 개, 나이를 더 먹으면 8만 5천 개까지 증가합니다. 암컷과 수컷의 성 비율도 연령에 따라 달라지는데, 1세에는 대개 1 : 1의 비율을 보이다가 2~4세에서는 암컷이 55~60퍼센트 정도로 많아지고, 5세에는 암컷이 거의 대부분(90퍼센트)을 차지하게 됩니다.

볼락은 암컷과 수컷이 짝짓기를 하여(11~12월) 암컷 뱃속에 알을 부화시킨 후 새끼를 낳는 난태생(卵胎生)입니다. 볼락류의 수컷은 항문 뒤쪽에 끝이 돌출된 간단한 교미기(성기)를 가집니다. 암컷과 수컷은 서 있는 자세로 서로의 배를 밀착시켜 짝짓기를 하는데, 정자는 암컷의 난소 속에 들어가 일정 시간을 기다렸다가 12~1월경 알이 완숙해지면 그때 수정이 됩니다. 어미 뱃속에서 발생하여 부화한 새끼는 1~2월 사이에 어미 몸 밖으로 나오게 되는데, 4~6밀리미터 크기의 눈만 반짝이는 새끼들이 마치 구름 모양으로 흩어져 나옵니다.

새끼들은 약 한 달간(3~5센티미터 크기가 될 때까지) 수면 근처의 해조류 그늘이나 연안의 부표 등 시설물 주위에 떠다니다가 그 후 바다 부근의 암초나 해조 지대에 머물면서 떼를 지어

볼락의 먹이인 곤쟁이(위)와 청충(아래)

살아갑니다. 어른(성어)이 되면 어릴 때만큼 큰 무리는 짓지 않으나 수십 마리씩 떼를 지어, 머리를 위로 한 자세로 머뭅니다. 어릴 때에는 낮에도 활발히 활동하지만 성어가 되면 야행성이 강해집니다.

　볼락은 성장 단계에 따라 서식 장소가 바뀌고, 그에 따라 식성도 바뀌어 새우, 게, 갯지렁이, 오징어, 물고기 등을 먹는 전형적인 육식성이 됩니다. 크기가 6센티미터 미만인 어린 볼락은 주로 해조류가 많은 곳에 떠다니는 소형 갑각류(새우, 곤쟁이류 등)를 먹으며 성장하고, 암초 지대로 옮겨 살면서부터는 주로 밤에 작은 플랑크톤과 새우, 게, 갯지렁이 등을 먹게 됩니다.

　우리나라에서 중요 어종으로 인정받는 볼락은 경상남도가 도어(道魚)로 지정하기도 했는데, 한국 최초로 도(道)를 상징하는 물고기가 된 것입니다.

2

조피볼락
학명 : *Sebastes schlegeli*

조피볼락은 '우럭'이란 이름으로 더 잘 알려진 물고기입니다. 크기가 70센티미터까지 성장하기 때문에, 덩치가 작은 볼락류 중에서는 대형어에 속하지요. 모양이나 색깔이 볼락류 가운데 가장 거칠게 보여서 '거칠거칠한 껍질'을 뜻하는 '조피'라는 이름이 붙지 않았을까 추측합니다.

몸은 긴 타원형으로 납작하며 짙은 회갈색이나 청흑색을 띱니다. 몸 옆에는 분명치 않은 흑갈색 가로띠가 있고, 눈에서 뒤쪽으로 비스듬하게 2개의 흑색 띠가 있습니다. 아가미 뚜껑의 앞 가장자리에는 볼락류의 공통적인 특징인 5개의 매우 강한 가시가 있습니다.

조피볼락은 수심 10~100미터 사이의 연안 암초밭에 주로 서식하고 있습니다. 비교적 차가운 물을 좋아하여 제주도를 제외한 우리나라 동해, 서해, 남해에 널리 서식하는데, 특히 서해안에 많습니다. 일본 홋카이도 이남, 중국 북부 연안, 보하이 해

조피볼락의 먹이가 되기도 하는 바위게

[渤海], 황해에서도 살고 있습니다.

조피볼락은 난태생으로서 겨울에 짝짓기를 하는데, 수컷은 항문 바로 뒤의 조그만 생식기를 암컷의 생식공에 밀착해서 정자를 암컷의 몸속으로 보냅니다. 이 행위는 몇 초의 짧은 시간 내에 이루어지며, 암컷의 몸속으로 들어간 정자는 난소 안에서 약 한 달간 기다렸다가 수정이 됩니다.

몸길이가 약 50센티미터인 어미는 이듬해 봄에 약 40만 마리의 새끼를 낳습니다. 몸길이가 5~7밀리미터 전후인 새끼들은 수면 가까이 표층으로 떠올라 표층 생활을 하게 됩니다. 어린 새끼들은 해초가 많은 연안의 표층을 헤엄쳐 다니면서 성장하다가 10센티미터 이상으로 자라면 점차 깊은 곳으로 이동해 갑니다. 주로 물고기를 잡아먹으며(어식성), 그 외에 새우, 게 등 갑각류와 오징어류도 먹습니다.

3

참돔
학명 : *Pagrus major*

참돔은 '진짜 도미'라는 뜻입니다. '돔'은 '도미'의 준말로, 몸이 타원형이고 납작한 도미과(科) 물고기를 통틀어 일컫는 말이죠. 몸길이가 1미터가 넘게 자라면서도 선홍빛 바탕에 푸른 광채의 점이 있는 몸색깔이 변하지 않고 그대로 아름다움을 지녀 '바다의 여왕', '바다의 왕자'라는 칭호를 갖고 있습니다. 맛도 뛰어나 횟집에서 인기가 많지요.

참돔은 그 아름다운 색채와 매끈한 체형, 고급 육질로 인해 옛날 선조들 때부터 '참(眞)'자를 붙여 참돔, 참도미, 진도미어(眞道味魚)로 불렸으며, 이 외에도 강항어(强項魚, 『자산어보』), 독미어(禿尾魚, 『전어지』), 도음어(都音魚, 『경상도지리지』) 등으로 기록되어왔습니다. 또 도미(道尾, 道味), 돔, 돗도미(강원도), 상사리(전라남도), 배들래기(어린 돔, 제주도), 고다이(어린 돔이란 뜻의 일본어, 경상남도), 아카다이(붉은 돔이란 뜻의 일본어, 경상남도) 등 지방과 성장 단계에 따라서 여러 가지 이름을 갖고 있습

참돔의 먹이인 보리새우

니다. 영어로는 역시 몸빛깔이 붉어 'red sea bream'으로 표기하며, 일본에서는 '마다이'라고 하는데 이 또한 진짜 도미란 뜻입니다.

참돔은 전형적인 납작한 타원형 도미류의 형태이며, 몸빛은 선홍색이고 등 쪽에 금속성 광채가 나는 청록색 반점들이 있습니다. 살아 있을 때는 눈 위와 배, 뒷지느러미와 꼬리지느러미 쪽이 청색 빛을 띠어 몸통 옆면의 청록색 점과 함께 환상적인 색채를 발합니다. 또한 어릴 때는 선홍색 바탕에 다섯 줄의 붉은색 띠가 나타나지만 성장함에 따라 차츰 없어지고, 나이를 먹으면 검은 빛이 짙어집니다. 참돔은 감성돔처럼 성전환 현상이 없고 어린 치어(稚魚) 때부터 암수 구별이 됩니다.

우리나라 전 연안과 일본, 중국, 타이완 등지에 널리 분포하며, 우리나라 남해와 제주도 근해에 많은 수가 살고 있습니다. 살기에 알맞은 수온은 섭씨 15~28도이며, 겨울철에는 섭씨 10도 이상 되어야 하므로 남해안의 깊은 곳이나 제주도 근해로 이동하여 겨울을 납니다. 조류의 흐름이 좋고 바닥에 암초나 자갈이 많은 곳을 좋아하는데, 산란기 때를 제외하고는 수심이 30~150미터인 먼바다 암초 지대에 즐겨 삽니다.

암컷은 몸길이 33센티미터, 수컷은 22센티미터 정도 크기가 되면 알을 낳을 수 있는데, 만 2년생부터 어미가 되기 시작해 3

년생이면 약 50퍼센트가 어미로 자라고, 4년생이 되면 모두 어미가 됩니다. 알을 낳기 좋은 곳은 수온이 섭씨 17~21도 정도인, 자갈 또는 암석이 섞인 바닥이며, 우리나라 남해안에서는 4~7월경에 알을 낳습니다.

한 마리가 갖는 알의 수는 나이와 크기에 따라 달라지는데, 몸길이 40센티미터(5년생) 암컷이 13만여 개, 50센티미터(7년생)면 90만여 개, 70센티미터(13년생)면 260만여 개의 알을 가지고 있습니다. 알은 둥글고 투명하며 지름이 0.8~1.2밀리미터인데, 산란 후 흩어져 바다 수면 위를 떠다닙니다.

수정된 알은 섭씨 20도에서 약 40시간, 섭씨 15도에서 약 58시간 만에 부화합니다. 부화 직후 몸길이는 2~2.3밀리미터이며, 눈과 입이 발달하지 못한 채 바다 표층에 떠다니면서 어미의 형태를 닮은 치어로 성장합니다.

참돔은 태어난 지 1년이 지나면 손바닥 크기로 자라며, 자연에서는 4~5년 만에 몸길이 35~45센티미터, 몸무게 1킬로그램 전후로 성장하고, 10년이 지나면 60센티미터 전후에 4~5킬로그램으로 성장합니다. 참돔의 수명은 대개 20~30년이나 그 가운데는 50년 넘게 사는 것도 있어 물고기 중에서는 장수하는 종입니다. 참돔은 갯지렁이, 새우, 작은 물고기 등을 먹이로 합니다.

4

감성돔
학명 : *Acanthopagrus schlegeli*

감성돔 또한 다른 도미류와 마찬가지 모양새를 하고 있어 체형으로는 다른 돔과 구별하기가 어렵습니다. 몸이 타원형이고 납작하며 주둥이가 약간 튀어나와 있는데, 감성돔의 특징은 바로 몸색깔에 있습니다. 등지느러미 쪽은 금속 광택을 띤 회흑색인데 반해서 배 부분은 연한 색입니다. 비늘은 피부 노출 부위에 작은 가시들이 있는 '빗비늘'이며, 두 눈 사이와 아가미 뚜껑 아래 부분에는 비늘이 없습니다. 몸 옆에는 가늘고 세로로 그어진 불분명한 줄무늬가 있습니다.

감성돔은 우리나라 가까운 바다 전역에서 볼 수 있는데 일본 홋카이도 이남, 규슈, 동남 중국해, 타이완 등지에도 널리 분포하고 있습니다.

감성돔의 생태적 특징 중 가장 특이한 것은 성전환을 한다는 것입니다. 감성돔은 어릴 때 난소와 정소를 같이 가지고 있으나, 20센티미터 정도로 자라면 성이 분화되기 시작하여 25~30

센티미터(2~3세)가 되면 모두 수컷이거나 수컷의 역할을 하게 됩니다. 이후 4세가 되면 최초로 암컷이 나타나기 시작하여 그 후 점차 암컷의 비율이 높아집니다. 드물게는 2세 된 암컷이 나타나기도 하지만 그 수는 극히 적습니다. 따라서 감성돔은 나이 어린 수컷과 나이 많은 암컷이 만나 알을 낳게 되는 것입니다. 암컷 한 마리가 낳는 알의 수는 나이에 따라서 다르나 대개 10~20만 개입니다. 이런 성전환이 일어나는 이유는 정확히 알 수 없으나 놀래미류와 마찬가지로 각 종의 번식 전략이 진화하여 나타난 결과라고 생각됩니다.

감성돔의 먹이인 진주담치(위)와 거북손(아래)

감성돔은 육지로 깊숙이 들어간 연안의 조용한 내만(內灣)에서 주로 알을 낳는데 남해안의 득량만, 강진만, 순천만, 여자만, 고성만 등지가 대표적입니다. 새끼들은 5~7월에 연안의 해초가 무성한 얕은 곳에 많이 나타나며, 떼를 지어 다니다가 가을이 되면 서서히 깊은 곳으로 이동해 갑니다.

감성돔은 새우, 게, 갯지렁이, 조개, 소형 갑각류, 물고기와 같은 다양한 먹이를 먹으며, 해조류도 약 10종류 정도가 감성돔의 위 내용물에서 확인되고 있는 것으로 보아 해조도 먹는 것으로 생각됩니다.

5

돌돔

학명 : *Oplegnathus fasciatus*

'물속에도 천하장사가 있을까?' '연안에 살고 있는 물고기 중에서 힘이 센 물고기는 과연 어떤 종일까?' 하고 질문을 던진다면 아마도 가장 먼저 떠오르는 물고기가 돌돔일 것입니다. '바다의 황제', '환상의 고기', '갯바위의 제왕'과 같은 숱한 별명을 가지고 있을 정도니까요.

돌돔은 이름 그대로 돌밭, 즉 바다 밑 해초가 무성한 암초밭을 누비며 살아가는 물고기입니다. 새의 부리처럼 독특하게 생긴 강한 이빨로 조개나 고둥의 단단한 껍질을 부수고 잡아먹습니다. 마치 앵무새의 부리와 닮은 이빨을 가졌다 하여 영어로는 'parrot fish(앵무새 물고기)', 'knifejaw(칼턱)'라고도 하고, 또 몸에 줄무늬가 있고 입이 검다 하여 'striped porgy(줄무늬 도미)', 'black mouth(검은 입)'라고도 부릅니다. 일본에서는 우리 이름과 같은 뜻으로 '이시다이'라 부릅니다. 그리고 어릴 때에는 노란색 바탕에 아홉 개의 검은 줄무늬를 가진다 하여 아홉

동가리(경상남도) 또는 시마다이(일본 방언)라고도 하며, 그 밖에 지방에 따라 청돔(충청남도), 갓돔, 갯돔, 돌톳(제주도) 등으로도 부릅니다.

돌돔이 다른 물고기와 가장 구별되는 점은 역시 새부리 모양의 이빨입니다. 돌돔의 몸은 몸높이가 높은 타

물고기의 가로무늬(왼쪽)와 세로무늬(오른쪽). 물고기의 줄무늬는 위쪽으로 머리를 두고 보았을 때를 기준으로 하여 가로 방향인지 세로 방향인지를 정한다.

원형에 납작한 모양이며, 어릴 때는 노란색 바탕이지만 성장하면서 회청색으로 바뀌며 바탕에 일곱 개의 검은 가로띠가 뚜렷해집니다. 이 가로무늬는 나이가 들면서 희미해지며 점차 그 수도 줄어들게 됩니다.

태평양과 인도양의 따뜻한 연안 암초 지대에 분포하고, 전 세계적으로 7종이 알려져 있으나 우리나라와 일본 연안에는 강담돔(*O. punctatus*)과 함께 2종만 분포합니다. 이 두 종끼리는 서로 교잡이 가능하여 잡종이 생기기도 하므로 진화학적, 생물학적인 측면에서 매우 흥미로운 사실이라 할 수 있습니다.

돌돔은 어릴 때 일시적으로 표층에 떠서 플랑크톤과 같은 생활을 하지만, 성장하면서는 암초가 많은 바닥으로 내려가 일생을 살아갑니다. 먼 거리를 회유하는 이유는 자세히 알려져 있

돌돔의 먹이인 성게(위)와 뿔물맞이게(아래)

지 않으나, 손바닥 크기의 돌돔 새끼가 동해안 어장에서 대량 잡힌다든지, 부산항과 같은 항구 부근에 떼를 지어 나타나기도 하는 것으로 미루어보아, 어릴 때에는 떼를 지어 상당한 거리를 이동하는 것으로 추측됩니다.

돌돔은 태어난 지 만 2년이 되면 성숙하여 알을 낳으며(수컷은 1년 만에 성숙하는 것도 있습니다), 그때의 크기는 약 25~30센티미터입니다. 수온이 섭씨 20도 이상으로 상승하는 늦은 봄부터 초여름 사이에(우리나라 남해안은 6~7월) 암수가 만나 알을 낳는데, 해가 진 후 초저녁 몇 시간 만에 수회에 걸쳐 산란이 이루어집니다. 알은 지름이 0.7~0.9밀리미터(평균 0.85밀리미터)이고 무색투명하며, 지름이 0.2밀리미터인 기름방울(유구油球)을 하나씩 갖고 있습니다. 수정된 알은 물 위에 하나씩 분리되어 떠 있으며, 수온이 섭씨 17~21도인 범위에서 약 32~35시간 만에 부화합니다.

물 위에 떠서 살아가는 돌돔 새끼는 성장하면서 점차 헤엄치는 힘이 발달하여 이동할 수 있게 되며, 길이 1센티미터 정도로 자라면 바다 표층에 떠다니는 해조류(주로 모자반류)나 잘피(바다식물), 밧줄, 페그물과 같은 물체 아래에 모여 삽니다. 이 시기의 돌돔은 황갈색을 띠는데, 이것은 황갈색을 띤 해조류 아래에서 살아가는 적응, 즉 일종의 보호색이라 할 수 있습니다.

돌돔은 호기심이 매우 강한 물고기로, 수영하는 사람을 따라다니며 입으로 쪼기도 하고, 사육할 경우에는 수조의 방수 처리 부분을 물어뜯곤 하여 수족관에서는 문제아로 취급됩니다. 그러나 호기심 많은 성질 때문인지 사육을 계속하면 사람과 쉽게 친해져서, 먹이 줄 시간에 사람이 가까이 가면 물 밖으로 입을 내밀고 먹이를 달라는 행동을 하기도 합니다.

돌돔은 1~3센티미터 크기의 새끼 때는 곤쟁이나 새우류를 먹지만, 이빨이 발달하면서는 큰 갑각류를 찾기 시작하고, 10센티미터 이상으로 자라면 해조류를 먹기도 합니다. 15센티미터 이상이 되면 강한 부리 모양의 이빨이 위력을 발휘하여 성게, 따개비, 소라, 게와 같이 바닥에 붙어 사는 딱딱한 생물의 껍질을 부수고 속살을 꺼내 먹습니다. 그러다가 만약 이빨 끝이 닳게 되면 그 아래에 있는 예비 이빨로 대체되어 날카로움을 잃지 않는 복을 타고났습니다. 돌돔은 60~70센티미터까지 성장합니다.

6

황점볼락

학명 : *Sebastes oblongus*

황점볼락은 우리나라 남해안과 일본 홋카이도 남부 해역에 서식하는 물고기입니다. 앞에서 볼락이 바위에 붙어 사는 물고기라고 한 것을 기억한다면, 이름만 들어도 황점볼락의 특징을 바로 짐작할 수 있을 거예요. 바로 노란색(황색) 점이 있는 볼락인 것입니다. 영어로는 'oblong rockfish', 즉 '타원형의, 바위에 붙어 사는 물고기'라는 뜻이죠. 연안 암초 지대에 사는 30~40센티미터급 중형 볼락류입니다.

황점볼락은 몸이 긴 타원형이며 입은 뾰족한 편입니다. 하천의 민물에 사는 쏘가리와 아주 닮았죠. 담황색 바탕에 3~4개의 일정하지 않은 검은색 가로띠가 있으며, 눈가에는 방사형 검은색 띠가 있습니다. 새끼를 낳는 난태생으로 11월에서 이듬해 1월 사이에 새끼를 낳으며, 갓 태어난 새끼는 크기가 7.3~7.5밀리미터입니다. 몸길이가 35센티미터인 암컷 한 마리는 11만 마리의 새끼를 낳습니다.

황점볼락은 횟감으로 인기가 좋지만 최근 연안에서 자원량이 급격히 감소하고 있어 양식 대상종으로 개발 중입니다.

황점볼락과 아주 닮은 민물고기, 쏘가리

넙치

학명 : *Paralichthys olivaceus*

넙치는 우리가 흔히 '광어'라고 부르는 물고기입니다. 그리고 이 물고기와 아주 비슷한 모양의 물고기가 '도다리'죠. 넙치의 가장 큰 특징은 두 눈이 한쪽(왼쪽)으로 쏠려 있다는 것입니다. 이렇게 몸의 어느 한편으로 두 눈이 모여 있는 물고기는 바닥 생활에 맞게 적응한 것입니다.

넙치는 길이 1미터가 넘는 놈도 있습니다. 몸은 긴 타원형이며, 눈이 있는 쪽은 황갈색 바탕에 흰색의 얼룩얼룩한 원형 무늬가 흩어져 있고, 눈이 없는 쪽은 흰색입니다. 몸의 좌우 측면은 몸색깔이 다를 뿐만 아니라 피부를 덮고 있는 비늘의 종류도 달라서, 눈이 있는 쪽에는 빗비늘(둥근비늘과 비슷한데 한쪽 가장자리가 톱니 또는 빗살 모양이며, 그 표면에 이빨과 같은 것이 많이 있는 비늘), 눈이 없는 쪽에는 둥근비늘(모양이 둥글고 나이테가 있는 비늘)로 덮여 있습니다.

넙치는 우리나라 가까운 바다에 고르게 서식하며 사할린, 쿠

릴 이남에서 일본, 중국해까지 널리 분포하고 있습니다. 수심이 30~200미터 정도인 바다에 주로 서식하는데 어릴 때는 5~20미터의 얕은 수심에서 살기도 합니다.

넙치는 암컷이 몸길이 40센티미터, 수컷이 30센티미터 정도 크기로 자라면 성숙해지고, 봄이 되면 수심 20~50미터인 연안으로 접근하여 알을 낳습니다. 한 마리가 갖는 알의 수는 크기나 나이에 따라 다르지만 보통 40~50만 개 정도이며, 대개 밤에 여러 번에 걸쳐서 알을 낳습니다. 그러나 양식을 할 경우에는 빛과 수온을 조절하여 1년 내내 산란이 가능합니다.

넙치의 알은 낱알로 흩어져 물 위를 떠다니는데 지름이 0.8~1.1밀리미터이고, 섭씨 18~20도의 수온에서 약 2일 만에 부화합니다. 갓 부화한 새끼는 크기가 2.4~2.9밀리미터인데, 커다란 노른자위(난황)를 갖고 있으며 눈과 입은 발달되어 있지 않습니다. 노른자위의 영양분을 흡수하면서 형태적 발달이 급속히 진전되어, 몸길이가 약 1.7센티미터 이상이 되면 치어가 되어 바다 생활로 들어가게 됩니다. 이때는 수심 20미터 미만의 얕은 곳으로 이동하는데, 주로 모래와 진흙이 섞인 사니질 바닥을 선호합니다.

넙치는 아주 어린 시기에는 두 눈이 몸 좌우에 있으며, 유영하는 행동 양상도 일반 물고기와 같습니다. 그러나 성장하면서 오른쪽 눈이 왼쪽으로 이동하며, 그에 따라 왼쪽의 몸 표면에

가자미, 넙치, 도다리, 서대는 어떻게 다를까?

타원형에 납작하게 생긴 물고기들을 통틀어 가자미라고 합니다. 그리고 이 가자미 종류 가운데 우리가 개별적으로 이름을 붙인 것들이 있지요. 바로 넙치, 도다리, 서대입니다. 그럼 이들은 어떻게 다를까요? 우선 넙치와 도다리는 등지느러미와 꼬리지느러미가 나뉘어 있지만, 서대는 이 둘이 거의 붙어 있어서 잘 구별되지 않는 특징이 있습니다. 또 넙치와 도다리는 서로 눈의 위치가 다른데, 물고기 배를 아래로 향하게 한 다음 눈이 왼쪽에 있으면 넙치이고 오른쪽에 있으면 도다리입니다.

흑갈색이 발달하고 반대편에는 아무런 색소포가 발달하지 않아 좌우 비대칭의 몸으로 바뀝니다. 이 시기를 '변태기'라고 하지요. 변태기에는 눈이 이동할 뿐만 아니라 서식 환경도 바뀌는데, 눈의 이동이 완전히 끝나기 전에 부유 생활에서 바닥 생활로 들어갑니다.

이 시기의 또 다른 특징은 머리 뒤쪽 등에 3~5개의 긴 돌기가 나타나는 것입니다. 이 돌기는 부화 10일 전후에 나타났다가 치어기로 접어들면서 사라집니다.

치어는 수심이 얕은 연안이나 하구에서 성장하여 약 3개월 후에는 6센티미터 전후로 성장합니다. 어릴 때 플랑크톤을 먹던 넙치는 몸길이가 몇 센티미터로 자라면 멸치나 망둑어 같은 물고기의 새끼를 잡아먹으며, 10센티미터 정도로 커지면 어식성(魚食性)이 강해지기 시작하여, 15센티미터 크기에서는 먹이의 90퍼센트 이상이 물고기가 됩니다.

넙치가 자연 상태에서 성장하는 속도는 수온이나 먹이 등의 서식 환경에 크게 영향을 받지만 대략 생후 1년 만에 길이 30센티미터, 몸무게 250그램 정도가 되고, 2세 때는 40센티미터/700그램, 3세 때는 50센티미터/1.4킬로그램, 4세 때는 60센티미터/2.5킬로그램, 5세 때는 65센티미터/3.3킬로그램, 6세 때는 70센티미터/4.5킬로그램 정도의 성장 속도를 나타냅니다.

쥐노래미

학명 : *Hexagramos otakii*

쥐노래미는 몸이 약간 가늘고 길며 납작한데, 몸색깔은 서식 장소나 개체에 따라 차이가 많습니다. 비늘은 작고, 눈의 위쪽 과 후두부에 두 쌍의 피질 돌기가 있으며, 몸에 5개의 옆줄을 가지는 것이 특징입니다. 혹시 기회가 있다면 직접 옆줄을 찾 아서 헤아려보기 바랍니다. 제1옆줄은 등지느러미 앞쪽에서 등 지느러미 연조부 중간보다 약간 앞쪽까지, 제2옆줄은 등지느러 미 약간 앞쪽에서 꼬리지느러미 기저 위쪽에 도달하며, 제4옆 줄은 아가미 구멍 아래쪽에서 시작하여 배지느러미를 넘지 못 합니다.

쥐노래미는 우리나라 전 연안에 살고 있으며 홋카이도 이남 의 일본 전 연안, 중국의 보하이 해와 황해에도 널리 분포하고 있습니다. 연안 해역에 정착하여 서식하는 물고기로서 돌밭과 해조밭, 돌이 섞여 깔린 사니질 바닥에 주로 살며, 행동은 그다 지 활발하지 않고 먼 거리를 돌아다니지도 않습니다. 대부분 연안에서 살고 있으나 큰 놈은 수심 70미터 깊이에까지 살고 있습니다. 배를 바위나 돌에 접촉한 채 바닥에서 생활하므로 부레가 퇴화되어 있습니다.

쥐노래미는 암컷이 13~14센티미터 크기가 되면 성숙하기 시작하여, 20센티미터(2세 이상) 정도가 되어야 알을 낳게 됩니다. 우리나라 연안에서는 수온이 섭씨 13~18도 범위로 유지되는 늦가을부터 초겨울 사이에 알을 낳습니다. 한 마리가 가지는 알의 수는 몸길이 23센티미터가량일 때 5~6천 개, 35센티미터면 1~2만 개 정도입니다. 알을 낳을 때가 되면 수컷이 암컷을 유인하여 산란한 뒤, 암컷은 떠나버리고 수컷만 남아서 알을 지킵니다.

쥐노래미의 알은 둥글고 끈적거리며, 지름은 1.8~2.2밀리미터입니다. 색은 담황갈색, 담황자색 등으로 다양하며, 알 속에 많은 기름방울(유구)이 있습니다. 산란된 알은 덩어리를 이루어 해조류(모자반, 도박 등)의 줄기 및 뿌리 부근이나 바다 암초의 굴곡진 부분에 붙어 지냅니다.

수정란은 섭씨 15.5도 수온에서 23일째부터 부화합니다. 갓 태어난 새끼들은 등이 푸른색을 띠며 바다의 수면을 떠다니다가, 봄철에 5센티미터 정도가 되어 몸이 갈색으로 바뀌면 바닥으로 내려가 정착 생활을 하게 됩니다. 부화 후 만 1년 만에 15센티미터 전후로 자라며, 2년 후에는 22센티미터, 3년 후에는

25~29센티미터, 4년 후에는 30~38센티미터 정도로 자랍니다.

쥐노래미는 작은 새우, 게, 지렁이, 물고기(망둥어)와 같이 바닥에 사는 동물성 먹이를 주로 먹지만 해초도 먹는 잡식성입니다.

9

자바리
학명 : *Epinephelus bruneus*

정식 이름은 '자바리'이지만 흔히 '다금바리(제주도 방언)'란 이름으로 유명한 물고기입니다. 우리나라에서는 제주도에 가장 많이 서식하고 있지요. 그리고 표준명이 다금바리인 어종은 경상남도에서 뻘농어라고 부르는 물고기를 지칭합니다. 자바리는 '자줏빛을 띤 바리(능성어)'라는 뜻을 가지고 있습니다. 덩치가 엄청나게 크고 힘도 무시무시하게 세기 때문에 낚시 세계에서는 '갯바위 낚시의 황제'라는 별명이 붙었습니다.

자바리의 특징은 뭐니뭐니해도 그 커다란 덩치입니다. 우리나라에서 자바리에 대한 공식적인 낚시 기록은 1.1미터인데(『낚시춘추』집계) 실제 제주도 연안에서는 1미터가 넘는 놈이 그리 드물지 않았던 것으로 알려져 있습니다. 자바리는 덩치가 커서 해양 수족관의 관상어로도 인기가 높습니다.

몸은 앞쪽이 뾰족하게 시작해서 완만하게 곡선을 그리는 방추형(유선형)이고, 몸색깔은 전체적으로 갈색을 띱니다. 6개의

자바리와 능성어, 다금바리는 어떻게 다를까?

종명 (표준명)	자바리	능성어	다금바리
학명 영명 방언	*Epinephelus bruneus* kelp bass 다금바리(제주), 외볼락(통영)	*E. septemfasiatus* sevenband grouper 아홉톤배기, 구문쟁이	*Niphon spinosus* sawedged perch 뻘농어
크기	1미터 이상	1미터	80센티미터
형태	●몸은 방추형이며 전체적으로 다갈색을 띤다. ●몸통 옆으로 6개의 흑갈색 띠가 앞쪽으로 비스듬히 기울어 있다. ●몸통 옆의 띠는 중간중간 끊어져 있다. ●늙으면 무늬가 없어진다. ●등지느러미의 기부와 줄기부가 이어져 있다.	●몸은 자바리와 매우 유사하며 어릴 때에는 몸통 옆 7개의 띠가 뚜렷하다. ●몸통 옆 띠는 아래로 수직이며 꼬리자루 위의 한 줄은 굵다. ●늙으면 무늬가 없어진다. ●등지느러미의 가시부와 줄기부가 이어져 있다.	●몸은 약간 긴 편으로 특히 주둥이가 뾰족하며, 농어를 닮았다. ●등 쪽은 청자색이며 복부는 은백색이다. ●어릴 때에는 짙은 회갈색 가로띠가 눈에서 꼬리자루에 이르기까지 그어져 있다. 제2등지느러미 줄기부 앞쪽에 흑색 점이 하나 있고, 꼬리지느러미에 2개의 흑색 띠가 있다.
분포	제주도, 남해안, 중국해, 일본 중부 이남, 인도양	남해안, 제주도, 일본 중부 이남, 대서양, 인도양, 태평양	남해안, 제주도, 일본, 필리핀 근해
등지느러미 뒷지느러미 체측비늘수	XI, 13~15 III, 8~9 100~115개	XI, 13~16 III, 9~10 110개	XIII, 10~11 III, 6~8 163개

흑갈색 가로띠가 비스듬히 뒤쪽으로 나 있는데, 이 무늬는 나이를 먹어가면서 점차 희미해지다가 늙으면 완전히 없어집니다. 대신 몸 전체가 흑갈색을 띠게 됩니다.

  자바리는 암초 지대에 사는 연안 어종인데, 바위굴을 집 삼아 살며 좀처럼 굴을 떠나지 않아서 불법 수중 사냥꾼들에게 좋은 표적이 되곤 합니다. 그래서 최근에는 자원 보호가 필요하다고 지적하는 이들도 있을 정도입니다. 자바리는 작은 물고기, 게, 새우와 같은 동물을 먹고 사는 육식성으로, 낮에도 먹이를 잡아먹지만 특히 해질 무렵에 활발히 사냥을 합니다. 산란기는 6~10월로 알려져 있는데, 해역의 환경에 따라 조금씩 차이가 있습니다.

◀ 등지느러미와 뒷지느러미의 로마자 표기는 가시의 수를 나타내며, 그 뒤의 숫자는 줄기(연조)의 수를 나타낸다.
  예) Ⅲ, 6~8
     가시수 줄기수
     (극수) (연조수)

10

오분자기
학명 : *Sulculus diversicolor*

오분자기는 우리나라 제주도 연안에 서식하는 소형 전복류로 크기가 10센티미터 미만입니다. 수심 2.5~10미터 범위의 얕은 연안 암초 지대에 주로 살며, 크기가 3.5센티미터 이상으로 자라면 알을 낳는 성숙한 단계가 됩니다. 알을 낳는 시기는 8~10월 사이이며 수온은 섭씨 25도 전후입니다.

   알에서 갓 부화한 새끼는 36~40시간 동안 물에서 떠다니는 부유 생활을 하다가 그 이후에는 정착 생활로 전환합니다. 정착 생활 시기에는 돌이나 암초의 표면에 붙어 있는 규조류를 먹고 살며, 성장하면서는 여러 가지 작은 해조류를 뜯어먹고 삽니다. 식성이 좋아 전복보다는 더 다양한 해조류를 먹습니다.

11

참전복
학명 : *Haliotis discus hannai*

전복은 오래 전부터 사람들이 이용해온 수산물로 고대의 조개무덤(패총)에서도 발견되었습니다. 우리나라에서는 예부터 건강 보양용 고급 수산물로 알려져왔으며, 최근에는 육상 양식장뿐만 아니라 해상 가두리에서도 양식되고 있지요. 전 세계적으로 100여 종 이상이 알려져 있는데, 주로 온대 지역에 분포하고 있습니다. 그 중 우리나라와 일본에 널리 분포하면서 이용되는 것으로는 참전복, 까막전복, 말전복과 같은 것이 있습니다.

그 가운데 참전복은 우리나라 전 연안의 암초 지대에 서식하고 있습니다. 서식하기에 적정한 수온은 섭씨 7~27도로, 어릴 때는 섭씨 10~25도 범위가 적당합니다. 이 범위 안에서는 수온이 높을수록 성장이 빠르지요.

껍질의 크기가 8~10센티미터로 자라면 알을 낳기 시작하는데, 산란기는 7~11월 사이이며 수온 섭씨 20도 전후에서 이루어집니다. 알에서 부화한 후에는 5~6일간 플랑크톤 생활을 하다가 변태하여 바닥 생활로 전환합니다.

  새끼 전복은 대개 수심 3미터 전후에 가장 많이 분포하며 어미가 되면 깊은 곳으로 이동합니다. 낮 동안 깊은 곳에 있던 개체들은 밤이 되면 먹이(해조류)를 먹기 위해 얕은 곳으로 이동해 나옵니다. 비교적 차가운 물을 좋아하여 겨울철에는 수온이 섭씨 12도 이하로 내려가는 해역에 많이 서식합니다.

12

말전복
학명 : *Haliotis gigantea*

제주도 연안에 많은 말전복은 수심 15~30미터 깊이까지 서식하는 것으로 알려져 있는데, 주로 남해 먼바다와 제주 지역에 분포합니다. 국내 전복류 가운데 성장률이 가장 빠른 종이지요.

껍데기는 참전복보다는 둥글고, 특히 호흡공이 높아서 돌출된 형태입니다. 산란기는 9월에서 이듬해 1월 사이이며, 수온은 섭씨 15~20도가 적당합니다. 해조류가 무성하고 바닷물의 흐름이 원활한 암반 연안에 주로 서식하는데, 낮에는 은신할 수 있는 바위굴이나 바위틈에서 많이 발견됩니다.

13

소라
학명 : *Turbo cornutus*

　소라는 우리나라 전 연안에 사는 것으로 알려져 있으나 실은 남해안과 제주 지역에 주로 분포합니다. 성장이 느린 데다, 수심이 얕은 곳에서도 서식하여 어획이 쉽기 때문에 마구잡이로 잡아들여 최근 자원 보호가 시급한 실정입니다.

　2년 정도 자라면 알을 낳을 수 있는데 산란기는 대개 5~8월 사이이며, 수온은 섭씨 23~24도를 좋아합니다. 성숙한 알은 구형(球形)이며 다소 끈적이는 성질이 있습니다. 정지된 물에서는 가라앉았다가 물 흐름이 있는 경우 다시 떠다닙니다.

　만 1년 정도까지의 어린 시기에는 조간대(밀물과 썰물이 드나드는 지대)의 톳이나 지충이(바닷말) 밑 같은 데서 서식하지만 성장하면서 차차 깊은 곳으로 이동합니다. 서식 환경에 따라 가시가 있는 것과 없는 것이 있는데, 주로 파도가 센 먼바다에 분포하는 것이 가시가 발달하였습니다. 이는 파도가 세고 물의 흐름이 강한 환경에서 자신의 몸을 암반에 정착시키는 데 필요한 형태적 적응 현상이라 생각할 수 있습니다.

깊은 곳에 사는 소라는 한군데 모여 사는 경향이 있으며, 대황, 미역, 감태와 같은 갈조류를 주로 먹지만 이 밖에 홍조류나 작은 동물을 먹기도 합니다. 먹이 활동은 해질 무렵 2시간 전후에 가장 활발하고, 약 6시간이 지나면 거의 활동하지 않습니다. 일반적으로 수온이 섭씨 13도 이하면 성장을 멈추는 휴지기에 들어갑니다.

소라의 먹이인 톳(위)과 지충이(아래)

바다목장 관리하기

바다목장이 조성된 해역은 자연적인 조건을 파악하여 환경 변화를 감시하고 대상 생물의 동태를 파악해야 합니다. 자연 속에 조성된 자원을 관리하지 않으면 원래의 환경이나 자원 수준 또는 그 이하로 낮아질 우려가 있기 때문입니다. 바다목장의 관리는 생태·환경 관리, 어초·어장 관리로 나눌 수 있는데, 해역의 생태 환경을 관리하려면 해역의 생물 환경과 해양 생물 군집의 특성을 정확하게 이해해야 합니다.

바다 속 생태계, 해역의 생물 환경 특성

물속 생물들은 육상 생물의 환경과는 다른 수권(水圈, 지구 표면에서 물이 차지하는 부분)에서 살아갑니다. 수권은 해양, 내수면, 기수(바닷물과 민물이 만나는 부분) 세 부분으로 나눌 수 있으며, 또 물 윗부분인 부영부(표층·중층)와 물 밑바닥 부분인 저서부(저층)로도 나눕니다. 부영부에는 플랑크톤과 유영동물이, 그리고 저서부에는 저서생물이 각각 분포합니다.

물을 생활권으로 하는 생물 중에서 헤엄치는 능력이 미약하거나 전혀 없어서 해류나 조류 같은 흐름을 따라 물속에 떠다니면서 생활하는 생물이 있습니다. 이들을 '플랑크톤'이라 하지요. 플랑크톤은 대부분 현미경으로 볼 수 있는 크기의 미세한 생물군이지만 해파리, 크릴, 곤쟁이와 같이 상당히 큰 것도 있습니다. 이와는 반대로 스스로 헤엄을 쳐서 물속을 이동할 수 있는 동물을 '유영동물'이라 합니다. 오징어나 낙지로 대표되는 두족류와 어류가 주류를 이루지요.

플랑크톤은 크게 식물 플랑크톤과 동물 플랑크톤으로 나눌 수 있습니다. 광합성 능력이 있어 무기물에서 유기물을 합성할 수 있는 생물을 '식물 플랑크톤'이라 하고, 광합성 능력이 없어 다른 생물을 잡아먹거나 유기물을 먹이로 하는 생물을 '동물 플랑크톤'이라고 합니다. 또한 생태적인 특성으로도 구분할 수 있는데, 전 생활사에 걸쳐 부유 생활을 하는 '일생 플랑크톤'과 일시적으로만 부유 생활을 하는 '일시적 플랑크톤'으로 나눕니다.

이 외에도 크기에 따라, 즉 일반적으로 이들을 채집하는 채집망의 그물코 크기에 따라 초극미소 플랑크톤(0.2마이크로미터 이하), 극미소 플랑크톤(0.2~2.0마이크로미터), 미소 플랑크톤(2.0~20마이크로미터), 소형 플랑크톤(20~200마이크로미터), 중형 플랑크톤(0.2~20밀리미터), 대형 플랑크톤(2~20센티미터), 초대형 플랑크톤(20센티미터 이상)으로 구분합니다. 식물 플랑크톤은 대부분 미소 및 소형 플랑크톤에 속하나, 동물 플랑크톤의 대부분은 대형 및 초대형 플랑크톤에 속합니다.

물속을 떠다니는 생물을 '플랑크톤'이라 한다. 사진은 대형 플랑크톤의 하나인 해파리.

유영동물 가운데 두족류는 저서 생활을 하는 다른 연체동물들과는 달리 활발한 유영 생활을 하며 다른 동물들을 잡아먹는 육식성 동물로 진화되었습니다. 또 주로 자유 유영 생활을 하는 어류는 다른 동물군들과 치열한 경쟁을 하지 않으므로 민물이나 바닷물 어느 수계에서나 주류를 이룹니다. 그 밖에 유영동물에는 고래, 물개와 같은 해양 포유류와 거북, 바다뱀 같은

바다 밑바닥에서 생활하는 '저서생물'인 굴(왼쪽)과 피뿔고둥(오른쪽)

파충류가 포함됩니다.

한편 바다 밑바닥에 살고 있는 다양한 생물체들을 통틀어 '저서생물'이라고 합니다. 저서생물은 유영동물보다 훨씬 종류가 다양하여, 물속 거의 모든 동물이 여기에 속하지요. 바다 밑 흙 속에 파묻혀 사는 것과 흙 위를 기어 다니며 사는 것도 포함됩니다. 저서생물은 크게 '저서동물'과 '저서식물'로 나눕니다.

저서식물은 주로 조간대나 얕은 바다에서 살고 있으며, 저서동물들의 먹이 생물로서 아주 중요한 역할을 합니다. 그리고 저서동물은 조개류나 갯지렁이류와 같은 종류가 대다수를 차지하는데, 암반 따위에 붙어 사는 동물(굴, 따개비, 산호 등)과, 바닥을 기어 다니는 포복 동물(게, 새우, 불가사리, 성게, 해삼 등)로 구분합니다.

생물은 환경과 밀접한 관계를 맺으면서 서로 영향을 끼치며 살고 있습니다. 자연계에서 무생물계와 생물계, 그리고 생물 상호 간은 끊임없는 물질 순환을 되풀이하면서 평형을 유지하고 안정된 세계를 이루는 것이지요. 이와 같은 무생물적 환경과 생물적 환경을 합쳐서 '생태계'라고 부릅니다.

생태계는 무기물에서 유기물을 생산하는 '생산자', 유기물을 소비하는 '소비자', 유기물을 분해하여 다시 무기물로 환원하는 '분해자', 그리고 '무생물적 요소' 네 가지로 구성됩니다. 이때 생태계의 에너지원인 태양 에너지는 생산자의 광합성 작용에 의하여 생태계로 들어오게 됩니다.

바다를 예로 들면, 물, 이산화탄소, 영양 염류와 같은 것이 무생물적 요소입니다. 그리고 무기물과 태양 에너지를 이용하여 유기물을 합성하는 녹색식물, 즉 식물 플랑크톤과 수초는 생산자입니다. 이 식물을 먹고 사는 초식 동물은 제1차 소비자이고, 이를 먹고 사는 육식 동물은 제2차 소비자입니다. 그리고 생물의 사체나 배설물과 같은 유기물을 무기물로 분해하는 박테리아나 균류는 분해자입니다. 분해자에 의해 생긴 무기물은 다시 생산자에 의해 이용됩니다.

생태계 내에서는 이와 같이 물질이 여러 단계의 생물적 요소와 무생물적 요소 사이에서 순환되고 있으므로 물질적으로 안정되어 있습니다. 생산자에 의해 생태계로 흡수된 태양 에너지는 여러 단계의 생물적 요소를 거쳐 생태계 밖으로 다시 나가게 됩니다. 그러므로 생태계는 자연계의 하나의 기능적 단위라고 할 수 있습니다.

해양 전체를 하나의 생태계로 볼 때, 물질 순환의 한 예를 들어보면 다음과 같습니다. 식물 플랑크톤(생산자) → 동물 플랑크톤(제1차 소비자) → 멸치(제2차 소비자) → 고등어(제3차 소비자) → 고래, 상어 또는 인간(제4차 소비자)……. 그리고 이와 같은 먹이 관계를 '먹이사슬'이라고 합니다.

따로 또 같이, 해양 생물 군집의 특성

생물은 제각기 알맞은 환경에서 무리를 이루어 살아가는데 이것을 '생물 군집'이라 하며, 이것들은 단일 종 또는 2종 이상의 생물로 구성됩니다. 생물 군집은 물리·화학적 요인이 복합된 무생물적인 환경에 영향을 받습니다.

생태계에서 생산자, 소비자, 분해자는 서로 유기적인 관계를 가지며 균형을 이룹니다. 번식력이 강한 어떤 생물이 있다면, 그것을 잡아먹는 포식자와 병을 일으키는 병원성 생물에 의해 그 생물의 번식은 일정한 범위로 제한됩니다. 또 군집 내 각각의 생물도 개체 간에는 나이, 성, 종속 관계와 같은 비공간적인 요소와, 따로 살기 또는 서식 구역 확보(텃세)와 같은 공간적 요소에 의해 서로 안정된 군집을 이루게 됩니다.

  이와 같이 생물은 환경에 적응하여 생활하면서, 한편으로는 다른 생물뿐만 아니라 동일 종 간에도 견제를 받으면서 생활합니다. 환경과 생물, 또는 생물 상호 간에 서로 영향을 주고받으며 생활함으로써 안정된 생물 사회를 유지할 수가 있는 것입니다. 그러므로 생태계 내에서 어느 한 요소가 없어지면 생물 사회의 균형이 깨져서 안정된 군집 사회에 혼란이 발생합니다.

한눈으로 보는 통영 바다목장

★환경 관측 부이 : 수온, 염분, 영양 염류 등 바다목장 해역의 환경 요소들을 실시간으로 측정하여 관리소에 보내고 기록하는 '해상 자동 환경 측정 장치'입니다.

★음향급이기 : 중간 육성 단계 이후 음향에 길들여진 물고기들을 방류한 후 일정 기간 동안 음향으로 모아서 인공 사료를 보충해주어 자연 환경에서 충분히 적응하도록 도와주는 장치입니다.

★종묘 배양장 : 바다목장 해역 내에 방류할 건강한 종묘를 전문적으로 생산하는 육상 종묘 생산 시설입니다.

★어미 고기 양성장 : 종묘 생산에 사용할 건강한 혈통의 어미 고기들을 집중 관리하는 해상 가두리 시설입니다.

★낚시터, 외줄낚시 어장 : 바다목장 해역의 외곽에 대형 인공 어초 어장을 조성하여 어민들이 이곳에서 상품성 있는 물고기를 어획할 수 있도록 합니다.

★어미 고기 서식장 : 어미(3~5세)들이 서식하면서 번식을 계속할 수 있도록 대형 어류용 어초를 배치하여 인공적인 서식장을 조성해줍니다.

★중간 육성장 : 육상 배양장에서 생산된 치어들을 일시적으로 중간 육성할 수 있도록 만든 해상 가두리 시설입니다. 이곳에는 야간 점등 시설, 음향 순치 시설, 치어 및 어미 고기 관리 가두리, 사료 창고, 실험실과 같은 시설이 있습니다.

★어린 고기 성육장 : 0~1세 물고기가 양호하게 성장할 수 있도록 수심 10미터 전후의 해역에 소규모 어초를 배치하고 바다숲을 조성해줍니다.

에필로그 :: 바다, 인류 최후의 보고(寶庫)

 삼면이 바다인 우리나라에서 바다는 육지보다 훨씬 넓은 면적을 차지하는 매우 중요한 존재입니다. 40억 년 전 지구에 물이 생겨난 이래 지구 전체 면적의 약 70퍼센트를 덮고 있는 물은 생명의 원천이 되어왔습니다. 35억 년 전 물속에 생명체가 처음으로 생겨나기 시작했고, 7억 년 전에는 최초의 척추동물의 조상이 출현했습니다. 물고기의 조상은 6억 년 전(고생대)에 최초로 출현하였고, 현재와 같은 모습을 갖춘 물고기는 약 3억 년 전에 나타났습니다. 인류는 겨우 80만 년 전에야 뒤늦게 지구상에 나타났습니다.

 현재 지구에는 약 120만여 종의 동물이 있으며 그 가운데 무척추동물이 약 96퍼센트를 차지하고 있습니다. 그 중 종수가 가장 많은 곤충을 제외하면 약 3분의 2 이상이 바다에서 살고 있습니다. 이와 같이 바다에는 육상보다 다양한 생물들이 살고 있으며, 육상에 없는 생물들도 존재합니다. 알려진 종의 수로만 본다면 해양의 생물은 육상 생물의 20퍼센트에 불과한데, 이는 육상의 곤충과 종자식물의 종수가 많기 때문입니다. 또한 해양 생물종이 기록된 것은 실제 존재하는 종수의 5~20퍼센트에 불과하기 때문에 실제로는 더 많은 종들이 바다에 살고 있습니다. 한편 물속의 터줏대감이라 할 수 있는 물고기류는 2만여 종이 알려져 있습니다.

이처럼 바다는 수많은 생물종들이 살고 있는 생명의 장소이며, 우리 사람들은 예부터 바다에서 물고기, 조개와 같은 먹거리를 해결해왔습니다. 지구상의 많은 사람들이 먹고살기 위해서는 그만큼의 식량을 확보해야 하는데 지금까지 바다에 아주 많은 부분을 의존해왔습니다. 그러나 세계 인구는 점점 증가하여 현재 65억 명을 넘어섰고, 약 100년 후인 21세기 말에는 현재의 두 배가량인 113억 명으로 예상되고 있습니다. 그러므로 앞으로는 충분한 식량 확보가 커다란 문제가 될 것이라고 전문가들은 말합니다.

인구 증가에 알맞게 대처하기 위해서는 더 많은 식량을 생산해야 하지만, 현재와 같은 육상의 농업이나 목축업 생산만으로는 인구 증가 속도를 따라갈 수 없습니다. 그러므로 우리는 이 광대한 바다로 눈을 돌리지 않을 수 없습니다. 바다의 면적은 약 3억 6,000만 제곱킬로미터로 지구 전체 면적의 70퍼센트를 차지하며, 그곳에 살고 있는 어마어마한 양의 해양 생물은 매년 자연 번식을 반복하고 있어 재생산이 가능한 풍부한 자원입니다. 그러나 대량 어획, 해양 오염의 증대, 지구의 기후 변동 등으로 인하여 해양 생물자원이 점점 감소하면서 인류의 마지막 식량 보고(寶庫)에도 비상이 걸렸습니다.

그래서 1992년 6월, 지구 환경 생태 보호를 위한 범지구적 모임인 '리우회의'가 유엔환경회의(UNCED)와 각국 민간단체를 중심으로 하여 열렸습니다. 이후 세계 각국의 생물다양성보전협약

이 서명·발효되면서, 생물자원 확보라는 국가 이익과 함께 자국의 생태 환경 보호가 강조되어왔습니다. 또 지구 전체의 해양 생물 생산량을 획기적으로 증대시키고 그 생산력을 유지하기 위하여 새로운 개념의 바다목장이 필요해졌습니다. 결국 지구 환경을 보호하고 이곳에 사는 모든 생명체들, 생물자원과 함께 앞으로 인류의 생존 문제를 해결해나가야 하는 시대를 맞이하게 된 것입니다.

미국의 케네디 대통령이 "우리가 바다를 알고자 하는 것은 단순한 호기심 때문이 아니라 그곳에 우리의 생존이 달려 있기 때문이다"라고 한 말이 가슴에 와닿는 시대가 되었습니다. 우리는 조상들로부터 무수한 해양 생물자원의 재생산력을 이용하는 지혜를 배워왔습니다. 이제 그 지혜를 바다목장이라는 새로운 개념 아래 발전시켜, 바다의 환경을 보존하면서 동시에 풍요로움을 얻는 슬기로움을 실천할 때입니다.